雷击火灾调查

主编　邢小崇

山西出版传媒集团
山西人民出版社

图书在版编目(CIP)数据

雷击火灾调查/邢小崇主编. --太原:山西人民出版社,2015.12

ISBN 978-7-203-08854-7

Ⅰ.①雷… Ⅱ.①邢… Ⅲ.①雷击火-火灾-调查 Ⅳ.①X928.7

中国版本图书馆 CIP 数据核字(2015)第 289179 号

雷击火灾调查

主　　编:邢小崇
责任编辑:吕绘元

出 版 者:山西出版传媒集团·山西人民出版社
地　　址:太原市建设南路 21 号
邮　　编:030012
发行营销:0351-4922220　4955996　4956039　4922127 (传真)
天猫官网:http://sxrmcbs.tmall.cor　电话:0351-4922159
E-mail:sxskcb@163.com　发行部
sxskcb@126.com　总编室
网　　址:www.sxskcb.com

经 销 者:山西出版传媒集团·山西人民出版社
承 印 厂:太原市金容印业有限公司

开　　本:890mm×1240mm　1/32
印　　张:5.75
字　　数:97 千字
印　　数:1-500 册
版　　次:2015 年 12 月　第 1 版
印　　次:2015 年 12 月　第 1 次印刷
书　　号:ISBN 978-7-203-08854-7
定　　价:45.00 元

目录

第一章　雷电概述

夏季，我国陆地上常有从西北吹来的干冷气流和同时从东南吹来的暖湿气流,两个气流激烈冲撞，暖气流很快被抬升，形成强烈的上升气流，而在这股气流中，因含有大量的水蒸气,在上升过程中，受到高空中高速低温气流的吹袭，会凝结并分裂为一些大小不一的水滴，它们带有不同的电荷。较大的水滴带有正电，并以雨的形式降落到地面，同时较小的水滴带有负电，仍飘浮在空中，且有时被气流携走，于是云就由于电荷的分离，形成带有不同电荷的雷云。雷云层和大地接近时，使地面感应出相反的电荷。这样，当电荷积聚到一定程度，就冲破空气的绝缘，形成了云与云之间或云与大地之间的放电，迸发出强烈的光和声，这就是常见的雷电。雷电击中地面物体便是雷击。由雷击引起的在时间或空间上失去控制的燃烧所造成的灾害就是雷击火灾。

第一节　雷电的基本概念

通常，我们习惯上将闪电和雷电这两个概念混用。闪电一般指雷暴天气雷雨云产生的云闪和云地闪电。这种超长距离的闪电放电产生强大的电流，同时还会伴随着强烈的发光、高温、电磁辐射、冲击波和雷声等不同的物理效应和现象。闪电的形状一般分为线状、片状、连珠状和球状。按照闪电通道是否触及地面，一般把闪电分为云地闪电和云闪两类。云闪是最经常发生的一种闪电放电事件，由于其生在云内，受云体的遮挡，对地面的影响相对较弱，从而没有引起人们足够的重视。但是近年来，一些专家研究表明，云闪产生的电磁脉冲对电子设备的影响越来越严重，人们也越来越关注云闪放电特性。

由于雷雨云内电荷的逐渐累积和正负电荷中心的分离，在云内，或云地或云空之间造成强电场，电场强度达到空气击穿值后，就形成导电性的先导，先导形成后在电场中又可以传播，以至于云间闪电通道可以传播几公里甚至几十公里。

一般来讲，一次完整的闪电过程定义为一次闪电，其持续时间为几百毫秒到一秒钟不等。一次闪电包括一次或者几次大电流脉冲过程，被称为闪击，而其中最强的快变化部分可能回击。闪击之间的时间间隔一般为几十毫秒，对地闪电在人眼中所呈现的闪烁，便是由几次闪击所造成的。

按照闪电转移电荷的运动方向一般将地闪分为上行闪电和下行闪电。上行闪电通常发生在高大建筑物上或高山顶上，比较罕见。我们火灾调查中一般讲的都是下行闪电。按照闪电转移电荷的极性，下行闪电又可分为下行正地闪和下行负地闪。由向下移动的先导激发，向地面输送负电荷的称为下行负地闪（以下简称负地闪）。由向下移动的先导激发，向地面输送正电荷的称为下行正地闪（以下简称正地闪）。

负地闪过程将云内的负电荷输送入地，一次负地闪过程通常可中和几十库仑的云中电荷，它以持续时间为几毫秒到几百毫秒的云内预击穿过程开始，之后是从云到地以间歇性突跳式行进的梯级先导过程，梯级先导过程在几十毫秒内向下输送大于10C以上的负极性云电荷，先导电流平均为300A。当梯级先导头部接近地面时，在地面的自然尖端或高大建筑物等突出物体上将诱发一个或几个上行先导，由此产生连接过程。当下行先导头部与上行先导接触时，随即发生首次回击过程。回击上行的速度约为光速的1/3，峰值电流平均约为30kA，上升时间约为几微秒。首次回击结束后，放电过程如果停止，则称为单闪击闪电；如果在较短的时间内发生以直窜先导或直窜梯级先导引导的后继回击，则为多闪击闪电。

正地闪的放电过程与负地闪类似，都由云内的预击穿过程开始，之后是从云到地的先导和回击过程。但正地闪回击次数一般较少，通常只有一次回击。雷暴中以中和负极性电荷的负地闪为主，但在雷暴的消散阶段，中尺度对流系统的层状云区，产生冰雹、龙卷风等灾害性天气过程的超级风暴中都时常出现大量的正地闪，更重要的是正地闪的发生发展具有其独特性。观测结果显示正地闪的最大回击电流有时可达300kA，中和的电荷量达几百库仑。它的连续电流的幅值比负地闪的大一个量级，其回击的上升时间较负地闪回击要稍长。由于正地闪中和电荷量多和回击电流大，并常常带有持续时间较长的连续电流，因而易引起火灾、爆炸等更为严重的雷击事故。

雷电研究仍将是今后相当长的一段时间内的主要任务。特别是雷电不同放电过程的超高频电磁辐射特征，放电的发展和演化过程，放电所伴随的电、光、声效应，以及不同地区雷电放电过程的异同等，这些问题的揭示，将对有针对性地开展科学的雷电防护、减少雷击火灾起到重要的指导作用。

第二节 雷电的电磁辐射

一、静电感应

雷雨云临空，裸露的金属板（如金属屋面）由于静电感应而带上与积雨云中下部电荷异号的电荷，这时金属屋顶面与积雨云间可组成一个电容器，电力线从云中电荷指向金属屋面，或者相反。这个电场对电容器外的地面物可以说作用很微弱，金属屋面所带的电荷是被束缚住的。但是积雨云一旦放电，雷击附近地区，积雨云下部的电荷消失，这时金属屋面所带的电荷如果不能迅速地泄放，它与邻近的地面物体之间就可以产生很高的电位差（即高电压），甚至发生闪络，造成雷击危害。这种形式的雷击起因于静电感应，被称为感应雷击，或称为二次雷效应。要减少这种雷害，就得设法使金属屋面的感应电荷迅速减少，为此必须按照防雷工程设计要求，架设几条足够粗的金属导体，把它与金属屋面焊接之后良好地接地，以泄放电荷。

二、雷电电磁辐射

强烈的闪电放电过程产生静电场变化、磁场变化和电磁辐射，各种放电过程所发出的电磁波，其传播受到大地电导率、大气状况及电离层多次反射的影响，产生传播衰减。

闪电电磁辐射严重干扰无线电通信和各种设备的正常工作，是无线电噪声的重要来源，在一定范围内造成许多微电子设备的损坏，引起火灾，这已成为20世纪80年代之后雷电灾害极重要的原因。

三、雷声

闪电回击通道的初始平均温度和气压均很高，它有着巨大的瞬时功率，所以产生爆炸式的冲击波。有学者采用实验室内模拟雷电观测，测得火花通道径向扩展速度，也可以运用理论来估算。闪电通道径向扩展速度最大可达1.6km/s左右，远大于大气中的声速，但是它很快就衰减，冲击波转变为声波，就听到隆隆雷声。

第三节 雷电与气候的关系

有研究表明：雷电活动是气候变化指示器。具体表现为：在年际时间尺度上，全球总闪率对全球地面气温的变化是正响应的。

有学者研究，中国的雷电活动多发区主要集中在华南、西南南部及青藏高原中东部地区。其中，华南、云贵川渝地区是中国闪电密度高值区，尤其是广东省和海南省；华北、华东是闪电密度的次高值区；西北地区是闪电密度的最低值区；青藏高原地区则为闪电密度的次低值区。中国陆地闪电密度分布呈现特殊的随海陆距离和纬度的大尺度变化趋势：中国东部湿润地区为闪电密度高值区，闪电密度随纬度升高而下降，中国西部寒旱地区则是闪电密度低值区。显示出闪电与空气湿度也有关系。

从以上可以看出，雷击的发生与地面气温和湿度都有关系。

原来我们在调查雷击火灾时，有的人提出现场的温度和湿度是发生雷击现象的间接原因，我们认为对方是在胡搅蛮缠。但现在看来，雷击的发生与地面气温和湿度都是有关系的。温度和湿度是发生雷击的诱因，是有科学根据的。

第四节　相关气象学术资料

一、风级

风力等级（简称风级）是风速的数值等级，它是表示风强度的一种方法，风越强，数值越大。用风速仪测得的风速可以套用为风级，同时也可用目测海面、陆地上物体征象估计风级。

二、风级表

国际上采用的风级是英国人弗朗西斯·蒲福（Francis Beaufort，1774~1859）于1805年所拟定的，故又称蒲福风级。他把静风到飓风分为13级。自1946年以来风级又做了一些修订，由13级变为17级，如下表：

蒲福（Beaufort）风级表

<table>
<tr><th rowspan="2">风级</th><th colspan="2">名称</th><th colspan="2">相当于平地10m高处的风速（m／s）</th><th rowspan="2">陆上地物征象</th><th rowspan="2">海面和渔船征象</th><th colspan="2">海面大概的浪高（m）</th></tr>
<tr><th>中文</th><th>英文</th><th>范围</th><th>中数</th><th>一般</th><th>最高</th></tr>
<tr><td>0</td><td>静风</td><td>Calm</td><td>0.0~0.2</td><td>0</td><td>静、烟直上</td><td>海面平静</td><td>–</td><td>–</td></tr>
<tr><td>1</td><td>软风</td><td>Light air</td><td>0.3~1.5</td><td>1</td><td>烟能表示风向，树叶略有摇动</td><td>微波如鱼鳞状，没有浪花，一般渔船正好能使舵</td><td>0.1</td><td>0.1</td></tr>
<tr><td>2</td><td>轻风</td><td>Light breeze</td><td>1.6~3.3</td><td>2</td><td>人面感觉有风，树叶有微响，旗子开始飘动，高的草开始摇动</td><td>小波，波长尚短，但波形显著，波峰光亮但不破裂；渔船张帆时，可随风移行每小时1~2海里</td><td>0.2</td><td>0.2</td></tr>
<tr><td>3</td><td>微风</td><td>Gentle breeze</td><td>3.4~5.4</td><td>4</td><td>树叶及小枝摇动不息，旗子展开，高的草摇动不息</td><td>小波加大，波峰开始破裂；浪沫光亮，有时可有散见的白浪花；渔船开始簸动，张帆随风移行每小时3~4海里</td><td>0.6</td><td>1.0</td></tr>
<tr><td>4</td><td>和风</td><td>Mod-erate breeze</td><td>5.5~7.9</td><td>7</td><td>能吹起地面灰尘和纸张，树枝动摇，高的草呈波浪起伏</td><td>小浪波长变长，白浪成群出现，渔船满帆的，可使船身倾往一侧</td><td>1.0</td><td>1.5</td></tr>
</table>

续表一

风级	名称		相当于平地10m高处的风速(m/s)		陆上地物征象	海面和渔船征象	海面大概的浪高(m)	
	中文	英文	范围	中数			一般	最高
5	清劲风	Fresh breeze	8.0~10.7	9	有叶的小树摇摆，内陆的水面有小波，高的草波浪起伏明显	中浪，具有较显著的长波形状；许多白浪形成(偶有飞沫)；渔船需缩帆一部分	2.0	2.5
6	强风	Strong breeze	10.8~13.8	12	大树枝摇动，电线呼呼有声，撑伞困难，高的草不时倾伏于地	轻度大浪开始形成，到处都有更大的白沫峰(有时有些飞沫)；渔船缩帆大部分，并注意风险	3.0	4.0
7	疾风	Near gale	13.9~17.1	16	全树摇动，大树枝弯下来，迎风步行感觉不便	轻度大浪，碎浪而成白沫沿风向呈条状；渔船不再出港，在海者下锚	4.0	5.5

续表二

风级	名称		相当于平地10m高处的风速(m/s)		陆上地物征象	海面和渔船征象	海面大概的浪高(m)	
	中文	英文	范围	中数			一般	最高
8	大风	Gale	17.2~20.7	19	可折毁小树枝,人迎风前行感觉阻力甚大	有中度大浪,波长较长,波峰边缘开始破碎成飞沫片;白沫沿风向呈明显的条带;所有近海渔船都要靠港,停留不出	5.5	7.5
9	烈风	Strong gale	20.8~24.4	23	草房遭受破坏,屋瓦被掀起,大树枝可折断	狂浪，沿风向白沫呈浓密的条带状，波峰开始翻滚,飞沫可影响能见度；机帆船航行困难	7.0	10.0
10	狂风	Storm	24.5~28.4	26	树木可被吹倒,一般建筑物遭破坏	狂涛，波峰长而翻卷；白沫成片出现,沿风向呈现白色浓密条带;整个海面呈白色；海面颠簸加大有震动感，能见度受影响，机帆船航行颇危险	9.0	12.5

续表三

风级	名称		相当于平地10m高处的风速(m/s)		陆上地物征象	海面和渔船征象	海面大概的浪高(m)	
	中文	英文	范围	中数			一般	最高
11	暴风	Violent storm	28.5~32.6	31	大树可被吹倒,一般建筑物遭严重破坏	异常狂涛(中小船只可一时隐没在浪后),海面完全被沿风向吹出的白沫片所掩盖,波浪到处破成泡沫;能见度受影响,机帆船遇之极危险	11.5	16.0
12	飓风	Hurri-cane	32.7~36.9	>33	陆上少见,其摧毁力极大	空中充满了白色的浪花和飞沫,海面完全变白,能见度严重受到影响	14.0	---
13			37.0~41.4					
14			41.5~46.1					
15			46.2~50.9					
16			51.0~56.0					
17			56.1~61.2					

第二章　雷击火灾调查概述

雷击火灾调查是分析认定整个雷击火灾发生过程、直接原因、间接原因和人员伤亡及直接经济损失的重要工作，并根据调查结果认定事故原因，提出处理意见和事故预防措施。

第一节　雷击火灾调查的任务和原则

一、雷击火灾调查的任务

1. 查明雷击火灾发生的直接原因和间接原因。

2. 分析雷击火灾发生的整个过程。

3. 查明火灾直接损失和人员伤亡情况。

4. 查明消防设施的运行情况。

如2004年5月11日，山西省运城市稷山县大佛寺发生雷击火灾，将大佛殿二层建筑及一层部分建筑烧毁，造成直接经济损失25.2万元。通过这次火灾调查，给同类文物建筑的保护敲响了警钟，也进一步促进了同类文物建筑进行避雷设施的建设任务。还有2013年7月1日，中储棉侯马代储库发生雷击火灾，造成4838.73多万元的损失。这些灾害事故的发生都需要及时开展雷击火灾的调查和鉴定。

二、雷击火灾调查的原则

根据雷击火灾调查的特点，在雷击火灾调查中应坚持以下几个原则：

一是实事求是原则，即调查必须实事求是，客观公正。

二是科学严谨原则，即分析认定应符合雷电科学原理和燃烧学原理。

三是依法依规原则，即作为雷击火灾判定依据的资料应符合作为证据的要求；提取物证的过程也要合法，不仅程序合法，实体也要合法。

第二节 雷击火灾调查的特点

一、很强的技术性

雷击火灾调查是一项技术性很强的系统工程。雷击火灾的发生是一个从有序到无序、从因到果的过程；而雷击火灾调查则是一个从无序探求有序、从结果查找原因的逆向认识事物本质的过程。由于对雷击发生的各种表象与信息目前还不能完整地记录下来，且大部分的证据和信息会遭到损坏和丢失，因此，在调查分析雷击火灾原因的逆向认识过程中，存在着众多未知的或不确定的因素。因此，雷击火灾调查是一项疑点多、难度大的工作。

由于雷击火灾的表现形式具有多样性（如爆炸、燃烧、塌陷、断裂等），引起灾害的原因具有复杂性，灾害发生的场所与部位具有随机性，灾害发生的时间具有突然性等特点，因此，雷击火灾调查工作涉及多种学科的综合与交叉，是一项技术性极其复杂的系统工程。

二、复杂的社会性

雷击火灾调查是一项政策性很强的工作。虽然雷击火灾的发生诱因是自然因素，但人的因素在其中起着主要作用。有些是由于管理上的疏漏或渎职造成的，有些是设计和施工的错误造成的，有些是由于使用和维护工程过程中违章或失误造成的。一旦出现事故后果严重，所有与火灾有关联的部门、单位与个人，都会从自身出发，研究自己在事故中可能承担的责任，从而会表现出强烈的自我保护意识，进而对火灾调查工作造成强大的阻力和严重的干扰。如何正确执行政策和掌握政策界限，排除这种阻力和干扰，是雷击火灾调查各方关注的焦点。

三、很强的时限性

雷击火灾一旦发生，后果往往都非常严重。无论是上级政府，还是新闻媒体都予以高度关注。因此，调查人员需要在尽可能短的时间内查明原因，做出正确结论，以便及早地恢复正常生产、生活和工作，平息社会舆论。同时提出有针对性的预防措施，防止发生类似事故。

第三节　雷击火灾调查的管辖

一起雷击火灾发生后，大家都认为是雷电引发的灾害，但因为具体调查起来比较复杂，因此，无论是消防部门还是气象部门，都不愿意牵头组织调查。消防部门依据中国气象局令第20号《防雷减灾管理办法》第二十四条的规定：“各级气象主管机构负责组织雷电灾害调查、鉴定工作。其他有关部门和单位应当配合当地气象主管机构做好雷电灾害调查、鉴定工作。”建议当地政府应由气象部门牵头调查。气象部门认为自己技术力量不够，没有经验，可以建议政府由消防部门牵头调查。

如2013年中储棉侯马代储库“7·1”火灾，省政府调查组成立后决定，由消防部门牵头组织对事故原因进行调查。事故调查开始后，气象部门积极配合，提供了大量的第一手资料，并出具了该库区防雷设施状况和检测情况的报告以及该火灾事故气象因素的调查报告。该报告综合分析了侯马市气象局地面观测资料、邻县气象局地面观测资料、闪电监测定位系统资料以及临汾市气象局雷达回波资料，认为该库区在7月1日17时46分至18时12分之间出现了强地闪。

随着事故调查的不断深入，一些技术层面以外的东西开始显现。气象部门两次组织专家与消防部门的技术人员进行辩论，认为此起事故的起火原因不是雷击造成的。消防部门从认定雷击火灾的四个方面对气象部门的结论有理有据地一一进行了驳斥，得到了事故调查组除气象部门以外的其他人员的一致认可。这时，气象部门又提出调查原因的主体不对，应由气象部门牵头组织调查。事故调查组没有采纳气象部门的意见。那么，从法律层面讲，此起事故究竟应该由谁来牵头呢？

事故调查结束后，笔者收集研究了相关的法律规定。《中华人民共和国气象法》并未提及雷电灾害的调查，更未明确雷电灾害调查的组织部门。《气象灾害防御条例》（中华人民共和国国务院令第570号）第四十二条规定："气象灾害应急处置工作结束后，地方各级人民政府应当组织有关部门对气象灾害造成的损失进行调查，制定恢复重建计划，并向上一级人民政府报告。"《防雷减灾管理办法》（中国气象局令第20号）第二十四条的规定："各级气象主管机构负责组织雷电灾害调查、鉴定工作。其他有关部门和单位应当配合当地气象主管机构做好雷电灾害调查、鉴定工作。"《山西省气象灾害防御条例》第二十七条规定："气象灾害发生地的单位和个人有义务及时向当地人民政府及有关部门报告灾情。接到报告后，当地人民政府应当组织气象主管机构和民政等部门进行调查。"

《中华人民共和国消防法》第五十一条明确规定："公安机关消防机构有权根据需要封闭火灾现场，负责调查火灾原因，统计火灾损失。"从法律层面上来看，《中华人民共和国消防法》属于国家法律，而《气象灾害防御条例》属于行政法规，《山西省气象灾害防御条例》是地方性法规，国家法律的效力要高于行政法规和地方性法规。因此，雷击一旦造成火灾，就应当按照法律规定由消防部门来组织对雷击火灾的调查，雷击火灾调查的管辖权应属于公安机关消防机构的法定职权。

如果雷电灾害没有造成火灾，该事故的调查工作，则应由国家及地方有关法律法规规定的法定机构派出调查组（一般则由气象部门牵头组织）或委托有相应的雷电灾害调查鉴定资质的单位进行；调查鉴定单位接受单位或个人委托后，应立即成立雷电灾害调查组，调查组人员必须3人以上；雷电灾害调查组成员应具备灾害调查所需要的相关专业知识，调查鉴定人员必须具有雷电灾害调查与鉴定的上岗资格，且与所发生灾害无利害关系。但是如果雷电灾害造成了火灾，根据《中华人民共和国消防法》的规定，则组织职责调查的应是公安机关消防机构，既不是气象部门，也不能委托其他单位进行调查，这是法律赋予公安机关消防机构的法定职责和权力。

第四节　雷击火灾调查的组织程序

雷击火灾调查组及其成员应当统计雷击火灾造成人员伤亡、设备损坏、经济损失的情况，认定雷击火灾发生的原因，提出雷击火灾防范措施的建议，撰写雷击火灾调查报告，出具火灾事故认定书。调查程序如下图所示：

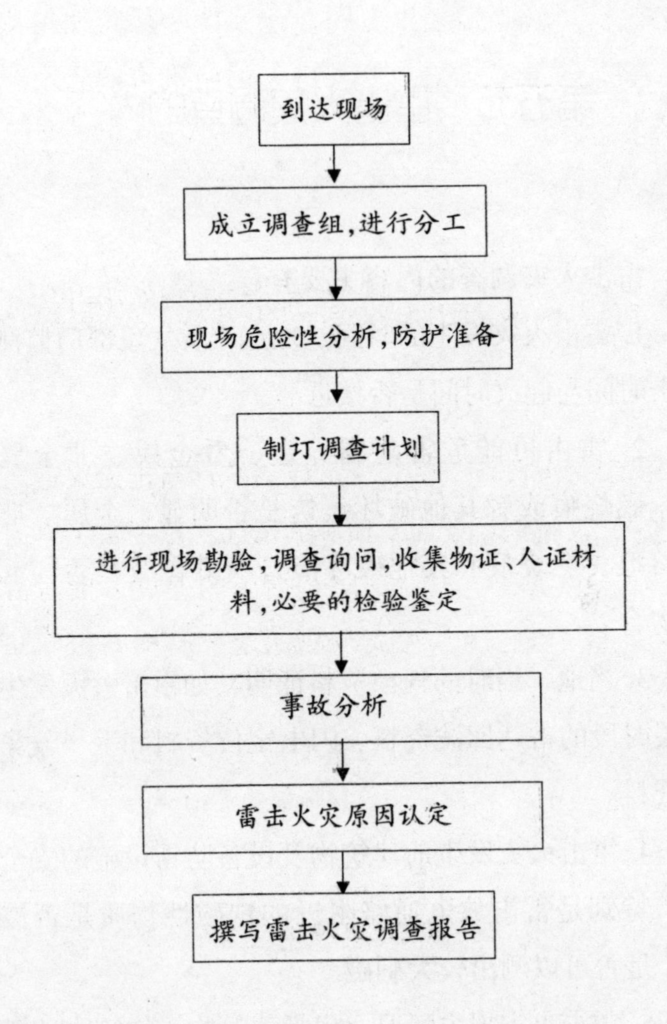
到达现场
成立调查组,进行分工
现场危险性分析,防护准备
制订调查计划
进行现场勘验,调查询问,收集物证、人证材料,必要的检验鉴定
事故分析
雷击火灾原因认定
撰写雷击火灾调查报告

第五节　雷击火灾调查的内容

雷击火灾调查的内容主要有：

1. 雷击火灾发生的时间、地点，看气象部门监测的雷击时间与起火时间是否接近。

2. 雷击可能危害范围界定，看金属、非金属熔痕，燃烧痕或者其他破坏痕迹是否明显；金属、非金属熔痕，燃烧痕和其他破坏痕迹所处位置是否与起火点吻合。

3. 当地、当时的气象资料证明，如雷击火灾发生时相关时段的雷达回波资料、闪电定位资料和卫星气象云图资料。

4. 雷击火灾发生前建筑物及设备防雷设施的安全状况，特别是雷击放电通路附近的铁磁性物质是否被磁化，是否可以测出较大剩磁。

5. 雷击火灾损失情况（包括建筑物、构筑物破坏情况，设备破坏情况，人员伤亡情况，其他损失情况等）。

调查组进入现场调查时，有权向雷击事故发生单位、有关部门及有关人员了解事故的有关情况并索取有关资料，任何单位和个人不得拒绝；调查组应对当事人及现场目击者进行调查，包括雷击火灾发生的单位（或个人）、地点、时间、受害人和肇事者的姓名、性别、文化程度、职业、技术等级、本人工种工龄以及事故经过；同时查阅有关运行、检修、试验、验收的记录文件和事故发生时设备运行记录等；必要时还应查阅设备的设计、制造、施工安装以及调试等资料。

调查组还应对下列情况进行调查取证：雷击火灾发生前设备、设施等的性能和质量状况；有关设计和工艺方面的技术文件、工作指令和规章制度方面的资料及执行情况；有关防雷设施安全性能情况；有关个人防护措施状况及个人防护用品的有效性、质量、使用范围等和发生时的雷电活动情况。

第三章 雷击火灾现场勘验

第一节 现场勘验的目的和任务

火灾现场勘验是公安机关消防机构在法律规定的范围内，使用科学的手段和调查研究的方法，对火灾有关的场所、物体、尸体等进行实地勘验、查找、鉴别、提取物证的过程，是发现、研究、提取火灾证据的重要手段，也是查明火灾原因的重要途径。

火灾现场勘验在火灾事故调查、处理的总体过程中，是一项复杂、细致、耐心、艰苦而又具有很强的技术性、科学性、法律性的工作。

一、现场勘验的目的

现场勘验的主要目的是确定起火部位、起火点、起火原因，同时也为提出处理意见、统计火灾损失、验证证人证言收集证据。

二、现场勘验的任务

现场勘验的基本任务是收集认定起火原因的证据，主要任务有：

1. 获取认定起火部位、起火点的证据。
2. 获取确认雷击起火的证据。
3. 获取认定起火物的证据。
4. 查明火灾损失及人员伤亡情况。
5. 消防设施的效能及其他有关情况。

第二节　现场勘验的方法和原则

一、勘验的方法

根据火灾现场所在环境和初步认定的起火部位的情况确定勘验方法。如有的露天堆垛雷击火灾现场过火面积几万平方米，必须根据前期调查掌握的证据初步确定勘验范围后，再开始现场勘验。通常的勘验方法有：

1. 离心法。由现场中心向外围勘验。这种方法适用于火灾现场范围不大，痕迹、物证比较集中，中心部位比较明显的火灾现场。勘验时，调查人员将中心部位勘验完毕后，再逐渐向外围拓展勘验。

2. 向心法。由现场外围向中心进行勘验。适用于现场范围较大，痕迹、物证分散，物质燃烧均匀，中心部位不突出的火灾现场。有的现场虽然范围不大，痕迹、物证也比较集中，但由于所处的环境不利于现场保护，对这种现场也可以先从外围进行勘验。

3. 分段法。根据现场的情况分片分段进行勘验。如果现场范围较大，或者较长，环境又十分复杂，为了寻找痕迹、物证，特别是微小物证，可以分片分段进行勘验。如对于在风力作用下形成的条形火灾现场，可以从逆风方向的燃烧终止线开始勘验；对于起火点多的火灾现场，勘验可从各个起火点分头进行，或者逐个进行。

4. 循线法。对于火灾原因和起火过程比较明显的火灾现场，或者现场上的起火点和蔓延痕迹反映清楚，或者放火犯罪分子的行走路线容易辨别，即可沿着火灾蔓延途径和放火犯罪分子的行动路线进行勘验。

二、勘验的原则

为了保持痕迹、物证的原始性和完整性，对认定的具体部位和具体物证的勘验，必须严格遵守下列原则：

1. 先静观后动手。

2. 先照相后提取。

3. 先表面后内层。

4. 先重点后一般。

第三节　现场勘验的基本手段

实际勘验阶段大体上分为静态勘验和动态勘验两个阶段。

1. 静态勘验。即以观察巡视的方式，查明火灾现场全貌以及火灾现场与周围环境关系的情况下,宏观观察火灾现场内外燃烧状态，收集形成在外侧、顶部、表面上的各种痕迹物证，整体上初步判定出燃烧的轻重程度的顺序、火势蔓延的大体方向，进而分析划定起火部位或动态勘验的重点范围，为进一步勘验提供方向和依据。静态勘验一般不移动与火灾现场有关的物体，只采取记录手段，如绘图、照相、录像等。

2. 动态勘验。是对上述各项静态勘验中观察到的情况进行认真细致的、符合科学逻辑的推理判断，并通过对现场物体移动、翻转、拆卸乃至对灰烬层和堆积物的剥离、清理，寻找出痕迹、证物，验证所做的判断。

第四节　现场勘验的步骤

火灾调查人员根据实际勘验需要把勘验阶段又分为环境勘验、初步勘验、细项勘验、专项勘验四个步骤。

一、环境勘验

环境勘验是火灾调查人员在现场外围对火灾现场的巡视和观察，以便对整个现场获得一个总的概念，通过对火灾现场环境的勘验，可以发现、采取和判断痕迹及其他物证，核对与火灾现场环境有关的证人陈述，在观察的基础上拟定勘验范围和确定勘验顺序。

环境勘验一是对火灾现场外部环境的观察，二是从火灾现场外部向火灾现场内部的观察。

对火灾现场外部环境观察的主要内容有：

1. 道路及围墙、栏杆有无可疑出入的痕迹，包括车印脚印、攀登痕迹、引火物残体等，以判定有无放火的可能。

2. 火灾现场周围所有烟囱的高度及与火灾现场的距离，使用燃料的种类，当时的风力、风向，烟囱有无飞火现象，以判定有无飞火引起的可能。

3. 火灾现场周围灰坑等其他临时用火点存灰及用火情况，并查明与火灾现场的距离。

4. 火灾现场周围及上空通过的电气线路、进户线状况，广播、通信等线路与电气线之间的间距。

5. 火灾现场周围地下是否有通过的可燃气体和液体的管道，管道和阀门的状态情况如何。

6. 若雷击火灾，观察火灾现场地形、火灾现场最高物体与周围物体相对高度，判定可能的雷击点与起火范围之间的关系。

7. 火灾现场周围与生产、生活有直接关联的场所，如变配电室、锅炉房、值班室、倒班宿舍等。

从火灾现场外部向火灾现场内部观察的主要内容：

1. 燃烧范围、大致的燃烧终止线。

2. 火灾现场燃烧破坏程度，如建筑物屋顶塌落部位。

3. 火灾现场外大的物体构件倒塌形式和方向，如墙体房架等。

4. 火灾现场外表面形成的烟熏痕迹，如建筑物门、窗外檐部烟迹。

5. 火灾现场外表面形成的低熔点物体熔化、滴落痕迹，如建筑物墙体外表形成的沥青流淌痕。

6. 通向火灾现场的通道、开口部位变化情况，如建筑物的门窗扇、阳台铁围栏变形情况，破碎玻璃散落方向，抛出物的分布等。

环境勘验必须由现场勘验负责人率领所有参加实地勘验的人员，在火灾现场周围进行巡视；观察的程序是先上后下，先外后内，发现可疑痕迹、物证，及时记录拍照并可以将实物取下。

二、初步勘验

初步勘验的主要内容有：

1. 不同方向、不同高度、不同位置的燃烧终止线。

2. 对现场从整体上查清其燃烧程度，如建筑物哪些部位被火燎了，哪些部位被烧了，哪些部位完全烧掉了。

3. 具体搞清各部位各种物体被烧情况。

4. 立面物体上形成的各种燃烧图痕，如墙面上形成的V字形烟痕。

5. 垂直（与地面）物体形成的受热面。

6. 火灾现场最上部物体种类、燃烧后的状态。

7. 倒塌物体的种类、倒塌方向及特征。

8. 各种火源、热源的位置和状态。

9. 金属物体变形熔化情况。

10. 非金属不燃物体（混凝土、玻璃、砖、石体）炸裂、脱落、变色、熔融等情况。

11. 电气控制装置、线路其位置被烧状态。

12. 有无放火条件和痕迹物证，如观察门锁、门窗玻璃状态、物品移动、可疑遗留物等。

大部分火灾现场，通过以上内容的观察即能判断火势蔓延路线，可大体确定起火部位和下一步勘验的重点。

三、细项勘验

细项勘验又称动态勘验，是指对初步勘验过程中所发现的痕迹物证，在不破坏的原则下，可进行挖掘、翻动、勘验和收集。详细观察研究火灾现场上有关物体的表面颜色、烟痕、裂纹、灰烬，测量记录有关物体的位置、未烧完的木材炭化程度等。同时还可运用现场勘验的技术手段，进行细目照相、录像、录音，测量距离，确定大小，采用各种仪器技术手段和收集痕迹物证。在进行细项勘验时，要把注意力集中在发现不易看见的物证和痕迹上，并把各种痕迹、物证联系起来进行比较分析，详细追究各自的形成原因，找出相互之间与火灾之间的因果关系。

细项勘验要集中力量重点收集以燃烧痕迹特征为根据确定起火点的证据；从起火点部位收集证明起火源和起火物的物证。特别要注意火灾现场底部、物体内部上形成的痕迹物证的提取。

细项勘验的主要内容有：

1. 可燃物烧毁、烧损状态。重点查明烧毁轻重程度、受热面和各种燃烧痕迹。

2. 不燃物体烧损、熔化部位和状态。重点查明炸裂、脱落、熔化、变色痕迹。

3. 物体塌落位置、层次。

4. 物体倒塌方向。

5. 低位燃烧部位和燃烧物。

6. 物体内部（墙壁、设备内等）烟熏痕迹。

7. 对电气线路、设备、控制装置检查测定，计算负荷量，确认短路点和位置。

8. 提取有关熔痕和粘连物，并确定记录其在火灾现场中的位置，如电熔痕位置。

9. 提取证明起火物的残留物（灰化、炭化物、放火物）。

10. 提取起火源物证，如电炉子等。

11. 提取有关证明起火点的其他物证痕迹。

12. 烧死者死前死后的具体部位、死后姿态、外部烧伤重点部位和是否有外伤情况。

13. 伤者烧伤重点部位和程度。

14. 提取所有需做技术鉴定的物体和物质。

四、专项勘验

在火灾现场找到雷击物体时，就需要对这些具体对象进行专项勘验。根据它的性能用途、使用和存放状态、变化特征分析雷击发生后是什么原因造成火灾的，包括对雷击通道附近的铁磁性物质剩磁的测量。

第五节 现场勘验的具体方法

现场勘验中收集、发掘确定起火点痕迹物证、起火源物证、起火物物证及其他有关证据时，明面的、外表的一般采取直接提取方法就可解决，但被埋在下部的一些设备、堆垛等内部的痕迹物证，就需要采取具体方法才能获取。通常采用的具体方法有剖面勘验法、逐层勘验法、复原勘验法。

一、剖面勘验法

剖面勘验法是收集、发掘火灾垂直蔓延的燃烧痕迹和起火物证，并根据燃烧痕迹、起火物证寻找起火点所在立面层次的一种勘验方法。剖面勘验把火灾现场的立面空间看作若干与地面垂直的立面，并将各个立面分成若干层次，从各个立面的不同层次上收集、发掘燃烧痕迹，根据燃烧痕迹的种类、差异、特征和所显示的燃烧过程、途径，找出起火点所在层次。一般情况下，勘验时，首先选用剖面勘验，把塌落层次搞清楚，再逐层勘验。

剖面勘验一是对明显暴露的建筑构件和物品，如屋盖、屋架、墙、门窗、柱和家具设备等残留物进行勘验，依据这些物品的燃烧痕迹，找出起火点所在立面空间层次。二是对火灾现场残留的堆移物做垂直剖切面。从堆积物的层次和各层次的燃烧痕迹找出起火点所处的立面空间层次。

剖面勘验可根据现场情况分为重点部位剖面勘验和多处剖面勘验两种。重点部位剖面勘验就是在可能是起火部位处做剖面。多处剖面勘验是在起火部位不太明显的情况下，选择几个不同的部位对堆积物做剖面勘验。在对堆积物切剖时，要从堆积的上部切剖到地面，并要注意观察堆积物的立面层次段各层次物质的燃烧痕迹、燃烧特征。如果在某一部位中发现了有价值的痕迹，还可利用逐层勘验的方法，将这个部位全部清理出来。

二、逐层勘验法

逐层勘验法是收集、发掘火灾水平蔓延的燃烧痕迹和起火物证，并根据燃烧痕迹和起火物证找出起火点所在位置的一种勘验方法。逐层勘验把火灾现场划出若干个平行于地面的平面，通过对各层次平面上各个不同部位的燃烧痕迹进行比较和鉴别，分析研究燃烧的发展过程，从中确定起火点，找出起火物、起火源，为认定火灾原因提供痕迹物证。

在逐层勘验中，要注意观察各层次平面燃烧痕迹的特征和差异。由于燃烧是由起火点向四周蔓延，燃烧有先有后、有轻有重，塌落有先有后，不同平面必然会有不同的燃烧痕迹。找出了这些燃烧痕迹的差异及特征，就能判定出火灾发生、发展过程。

三、复原勘验法

复原勘验法是在经过知情者鉴别的基础上，将残存的建筑构件、物品恢复到原来位置和形状，以便于观察分析火灾发生、发展过程的一种勘验方法。复原勘验法用起来比较困难，有的现场能基本复原，有的不能复原。复原勘验法有以下两种具体方法：

1. 残骸复原法。残骸复原就是将被烧或在扑救时被疏散抢救出来的建筑构件或其他物品恢复到起火前所在位置，再根据燃烧痕迹来分析研究燃烧过程、蔓延方向，找出起火点，分析起火原因的方法。

2. 绘图复原法。绘图复原是在火灾现场起火部位的可燃物几乎全部被烧尽，难以实现残骸复原的情况下，根据知情人的回忆，利用绘图的方法，将起火部位的原貌复原。采用绘图复原法，绘图要真实、准确地反映火灾前现场建筑及物体摆放情况，以及物品的种类、数量和距离。

在现场勘验中的注意事项有：

1. 确定扒掘范围。扒掘的范围应根据引火物、最初燃烧物质以及放火痕迹所在的位置及其分布情况而决定。这些痕迹一般集中在起火部位和起火点处。扒掘时应以起火部位以及其周围的环境为工作范围，这个范围的大小宽窄，视需要而定。

2. 明确扒掘目标。扒掘寻找的目标，通常是起火点、引火物、发火物、致灾痕迹以及与火灾原因有关的其他物品、痕迹。对不同的火灾现场，应该有不同的重点和目标，这些重点和目标不应主观决定，要根据调查询问及静态勘验所得，并经过分析和验证的材料而定。

3. 耐心细致。扒掘过程中，特别是接近起火部位时，一定要耐心、细致、认真，不放过一件可疑之物，不得动用足以破坏寻找目标的镐锹之类的较大工具。对堆层中的较大物件和长形物件，不要撬动或拖拉，应在注意人身安全的条件下，清除上面和周围的堆积物，进行观察后再行移动。对清理出来的物件，都要辨清种类、名称、用途、性质，必要时实施定性、定量的分析和化验。

4. 按程序提取物证。发现的有关痕迹和物证，记录、照相后，应保留在原始位置，并且保护好周围小环境。对起火点和起火原因的认定，往往需要反复勘验才能确定。对于有关的痕迹和物证，只有搞清了它的形成过程及证明作用时，才能提取、固定。关于起火点和起火原因的证据，一般应该在现场勘验结束前才能提取，必要时需经见证人、当事人和起火单位代表过目后再提取。

第六节 雷击火灾现场勘验笔录

现场勘验笔录是对火灾现场及勘验活动所进行的一种客观记载，是火灾调查人员依法对火灾现场及其痕迹、物证的客观描述和真实记录。它是分析研究火灾现场、认定起火点和起火原因、处理火灾事故责任者的有力证据资料，是具有法律效力的原始文书。因此，认真做好现场勘验笔录，对确认火灾原因工作有着十分重要的意义。勘验现场后，必须制作现场勘验笔录。现场勘验笔录的记述要客观、全面、准确，手续要完备，符合法律程序，才能起到证据作用。

一、现场勘验笔录的格式与内容

现场勘验笔录由绪论、叙事、结尾三部分构成。各部分内容如下：

（一）绪论部分

1. 起火单位名称，起火和发现起火的时间、地点、报警人姓名、职务以及报警人、当事人关于发现起火的简要叙述。

2. 现场勘验负责人和实地勘验人员、在场见证人的姓名、职务。

3. 保护现场人员的姓名、职业，保护现场过程中发现的情况及所采取的措施。

4. 勘验的范围和顺序。

5. 现场勘验人员到达火灾现场时间、勘验工作起始和结束的时间、气象条件。

（二）叙事部分

1. 现场的具体地点、位置及周围环境情况。

2. 被烧主体（如建筑物、堆场、设备等）结构，各部位容纳的物体、物质品种、数量及被烧损程度和烧毁状态。

3. 各种发火源（发火物其他热能源）的位置、使用状态与周围可燃物之间的关系。

4. 发火源可燃物所在位置，可燃物品种、数量及被烧程度和状态。

5. 发火源周围可燃物、不燃物被烧程度和状态（如可燃物炭化，截面、长度变化程度；不燃物变色、炸裂、脱落、变形、熔化情况等）。

6. 电气线路的配置、走向，控制装置位置、状态及被烧后的程度状态。

7. 物体倒塌、掉落后的方向和层次。

8. 各种烟迹和燃烧图形形成的部位、特征。

9. 疑为起火点、起火部位周围见到的详细情况。

10. 现场遗留物和其他燃烧痕迹的地点、部位特征等详细情况。

11. 烧死人位置、姿势、性别、衣着及烧伤程度等情况。

12. 被烧的主要物质、财产（如建筑物、设备等固定资产、流动资产及其他）损失情况（数量、面积、经济价值）。

13. 勘验时所见到的一切反常现象。

（三）结尾部分

1. 说明需做技术鉴定提取的检材名称、数量及部位。

2. 勘验负责人、勘验人员、见证人写明自己职称并签名或盖章。

3. 笔录制作的日期。

4. 笔录制作人签名或盖章。

二、制作现场勘验笔录的要求与注意的问题

（一）制作现场勘验笔录的要求

1. 记述要客观，叙事要全面，手续要完备合法。要以火灾现场以及现场上与起火原因有关系物体的本来状态为依据，不能缩小或扩大，更不能把任何主观分析和一些与火灾原因无关的东西记入。

2. 要突出重点。现场勘验笔录的重点和核心是把证明起火点、起火源、起火物及它们相互作用结果的根据，即具有证明作用的痕迹物证位置、数量、特征客观地记载下来，其他事实和情况可简要记载（如起火点以外部位物体的烧损情况）。

3. 痕迹、物证、细目要详细记载。

（二）制作现场勘验笔录注意的问题

1. 笔录只能由勘验人员制作。

2. 笔录的记载顺序应同实地勘验的顺序相一致，以防因记载紊乱而遗漏或重复。

3. 笔录的用语必须明确、肯定，不能使用“旁边”“附近”“不远”“较近”“不大”“较小”“估计”“大约”“大概”“可能”等模棱两可、含混不清的词语。

4. 笔录必须简明扼要，重点突出。

5. 勘验中如果进行现场模拟实验应单独制作记录，并在勘验笔录中做扼要记载，并由主持人、检验人、见证人签名或盖章。

6. 凡是多次勘验的现场，每次勘验均应制作笔录；有多处现场的，应分别制作勘验笔录。

第七节　雷击火灾现场照相

无论是正在燃烧着的火灾现场，还是在现场勘验过程中，所拍的照片从反映火灾现场上的内容看，总体可分为四种，即火灾现场方位照相、火灾现场概貌照相（概览照相）、火灾现场重点部位照相（中心照相）和火灾现场细目照相。分别反映火灾现场环境、起火部位和痕迹物证等情况。

一、火灾现场方位照相

火灾现场方位照相反映整个火灾现场和周围环境情况，表明火灾现场所处的位置、方向、地理环境及其周围事物的联系。

由于这种照相要反映的场景较大，因此，在选择拍摄地点时，一般要离火灾现场距离远些、位置高些，有的火灾现场也可借助登高车或大型机械设备完成，这样才能把整个火灾现场的地理环境和方位反映出来。对于那些不便于后退和登高的狭窄现场，可以换广角镜头，以扩大拍照范围；相反地，如果是由于火灾现场火势太大或其他原因不能靠近火灾现场而拍照距离太远以致用标准镜头拍照的影像太小而看不清时，可以换用望远镜头以得到较大而清晰的影像。在拍照火灾现场上的火焰火势时，要尽量选择火灾现场的侧风方向或上风方向，即便于观察和拍照，也便于安全撤退。

在拍照过程中，要注意把那些代表火灾现场特点的建筑物或其他带有永久性的物体，如车站、道路、管廊以及明显的目标，如起火单位（车间）的名称、门牌号码等拍照下来，用以说明现场所处的方位（环境、位置和方向）。

二、火灾现场概貌照相

火灾现场概貌照相是以整个火灾现场或现场主要区域作为拍摄内容的，从中要反映出扑救过程中整个火灾现场的火势发展、蔓延情况和扑灭火灾后整个现场燃烧破坏情况。

这种照相宜选择在较高的位置下进行，分别从几个地点拍照火灾现场上的火点分布、燃烧面积、火焰颜色烟雾情况等，特别是在同一地点拍摄的不同时刻火灾现场上的情况，能为分析火势发展、火灾蔓延提供定量依据。

勘验现场时，要把火灾破坏情况拍照下来，如房屋的倒塌、生产设备的破坏、物品的烧毁、人员的死亡等。总之，在照片上要表现出火灾现场的规模和造成损失的情况。

三、火灾现场重点部位照相

火灾现场重点部位照相主要反映火灾现场中心地段，是拍照那些能说明火灾起因、火灾蔓延扩大，现场遗留下的物体或残迹以及其所处部位，如起火部位、被烧得严重的地方、炭化严重的地方、留有引火物和痕迹物证、烟气流动留下熏染痕迹危险品和易燃品原来所在位置以及其他造成火灾发生和扩大原因的物体等。放火案还要对犯罪分子出入现场作案时对现场建筑、物品的破坏情况，抛弃的作案工具等一切痕迹、物证及所在位置进行拍照。

需要反映出物证大小或彼此相关事物间的距离时，要在被拍摄位置放置米尺；为避免米尺表面反光，宜采用非金属米尺；放置米尺时，应将米尺拉直，尺子所在平面应与底片所在平面平行。

这种照相要距离被拍摄物体较近，又能反映物体和痕迹的相互关系。因此，应尽量使用小光圈,以增长景深范围，使前后景物影像清晰；要正确选择拍照位置，尽量避免物体、痕迹变形。在照明方面，应用均匀光线，同时要注意配光的角度合适，以增强其反差和立体感。

四、火灾现场细目照相

火灾现场细目照相是拍摄现场所发现的各种痕迹、物证，以反映这些痕迹、物证的大小、形状、特征等。这些镜头是直接说明起火原因的。这种拍照一般是在详细勘验阶段进行的，也有的物证是在现场处理完毕进行拍照，可以移动物体的位置，改善拍照条件，客观、真实地把它拍摄下来。但移动前必须将其原有状态及所在部位不变形地拍摄下来，并放比例尺，以表示其真实的大小。这种照相的拍摄对象多种多样，拍照方法应根据具体对象、特点的不同而定。对于较小的痕迹、物体，为了结像清晰，特征反映明显，可采用原物大或直接扩大的拍照方法。对于那些不易提取的痕迹（如烟熏痕迹），只有在原位拍照才能反映其特征时，要注意现场配光和拍照方位，使其痕迹形状、特征，能清晰地记录下来。

火灾现场照相的四项内容，虽然要求各不相同，但不是互相独立的，而是紧密相关的。拍摄内容应视现场情况而定，力求全面，内容充实，应在初步了解火灾情况后，对要拍的内容有个初步的打算，形成一套比较完整的体系。尽管现在照相使用数码技术，不存在浪费胶卷的问题，有的人鼓励多照，但是盲目地多照会给遴选照片造成很大的麻烦。具体来讲，现场照片的主要内容应包括：

1. 方位全景。

2. 概览情况（包括火灾燃烧和扑救情况）。

3. 中心现场情况。

4. 现场各种痕迹和物证。

5. 死、伤人员。

6. 烧毁的物证。

7. 未烧毁（保留下来的）物证。

8. 有的现场还要附实验照片。

一个火灾现场，只要能将上述全部内容真实地反映出来即可，并不是要求每项内容都要单独地拍照，有的也可以代替，如比较小的现场、方位、概貌或重点部位，用一张照片有时就可全部解决。因此，火灾照相的

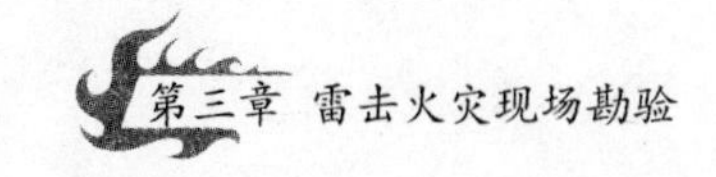

四项内容要根据现场具体情况来表现。

火灾现场照相的步骤，一般按现场勘验程序进行。到达火灾现场后，在火灾现场勘验的基础上，勘验人员对火灾现场的周围情况，火灾现场的平面布局、燃烧范围、主要燃烧物品、火势情况、火源、火焰蔓延方向或者是现场的燃烧破坏情况，通过观察、了解，做到胸中有数拟定拍照计划，根据火灾现场拍照内容和火灾现场实际情况，选择合适的地点即可进行拍照。

拍照时，一般是先从方位、概貌入手，由外向里，由大到小，逐步深入地突出重点部位，接触痕迹和物证。对现场进行拍照时，除注明拍照时间、拍照目标外，还要写明拍照方向、地点，文字要简洁，也可用符号代替。

在详细勘验火灾现场时，为了现场不遭受更大的破坏，原则上是先拍原始，后拍移动；先拍地上的，后拍较高处的；先拍易后拍难，先拍容易破坏或容易消失的，后拍不易破坏和不易消失的。总之，要根据现场的具体情况，灵活运用。

第八节　雷击火灾现场录像

应用录像技术可将火灾的发生、发展、蔓延等各种复杂情况及其在时间和空间中的关系记录下来，以获得客观、真实而具有艺术描绘作用的视觉形象。

火灾现场录像具有特殊的性质，不同于艺术创作，因此在录像内容上它必须遵守火灾现场勘验程序、方法、要求和一般规律，概括起来有火灾现场方位录像、火灾现场概览录像、火灾现场重点部位录像、火灾现场细目录像、火灾现场有关录像。

一、火灾现场方位录像

方位录像反映火灾现场周围的环境和特点，并表现它们所处的方向、位置及与其他事物的联系。它概括面广、连接画面多，可以展示现场周围事物的相互位置关系，给人以视野广阔的整体感觉。这一内容通常以匀速摇动摄像机或固定拍摄点形式出现，往往采用远景或远景变为中景的手法来解决。摄录时，需选择距现场较高且较远的位置来进行，先展示环境，然后慢慢将镜头推到火灾现场位置；或先展示现场再交代环境。通常反映的内容有：起火现场上方风向有无烟囱、施工建筑、高层住宅等，现场周围有无避雷设施及高大树木，现场上方有无高压线，现场是否靠近马路，现场周围有无人们较熟悉的建筑及其朝向，现场所在的门牌号码等。

有些现场环境复杂而没有较合适的机位，可采取摄录现场方位图或沙盘模型的办法来弥补。

二、火灾现场概览录像

概览录像要全面、系统、完整地反映整个现场状况及其与火灾案件有关物体的关系，以说明案件的性质、起火特征、烧毁程度、损失等情况，客观地表现现场范围内物与物、痕迹与痕迹之间的关系。摄像时应选择一个合适的较高的位置，如现场附近高大建筑，必要时可调用云梯车等登高设备。摄录时用俯角以远景和全景进行，即可将面积大、包含内容多的火灾现场充分表现出来。

三、火灾现场重点部位录像

重点部位录像是记录现场上与火灾案件有关的主要物体或部位的状况、特点以及与现场上其他物体的联系。确定最初起火部位是火灾现场勘验工作的主要目标，录像工作要紧紧围绕着这一重要环节进行。摄录时要准确地反映重点部位中各种物品或痕迹间的关系及个体与整体的关系。反映一个物体的形状或痕迹时一般多用近景和特写，从不同的角度进行。可用连续镜头从一个物体摇向另一个物体，也可以从一个物体拉出至包括另一物体为止。火灾现场摄录的重点是木结构炭化程度、烟熏特征、坍塌方向、灰层层次等。

四、火灾现场细目录像

细目录像主要摄录现场勘验中发现的有检验鉴定价值的各种痕迹物证，记录它们的形状、大小和特征，为技术鉴定提供证据，如电气火灾中的短路点、导线接头、电器开关、电焊熔珠等，吸烟火灾的烟蒂、火柴，放火现场作案遗留的引火物、作案工具及门锁撬压痕迹、血迹、足迹、指纹等。这些痕迹物证采用特写或特大特写，有时要采用微距摄录，主要解决微观分析和观察的问题。对微小痕迹物证摄录时要放好比例，尽量重点突出标志，如箭头、颜色醒目圈等。

五、火灾现场有关录像

有关录像是指摄录与现场有关的内容，如模拟实验、现场访问有关人员、召开分析案情研讨会、现场勘验人员及活动过程。通过摄录勘验人员对痕迹物证的观察、测量等动作，就能形象、准确地记录痕迹物证的所在部位及其形状、大小、特征。它是勘验人员认识事物本质特征的重要过程，也是检验办案人员有无违反法律程序的证据。

火灾案件的发生不能预测，摄录工作事先也就不可能有文字稿本，只能根据突发事件的一般规律和特点在最快的时间里灵活地设计构图，所以火灾现场录像需要一定的技巧和手法。

摄像机镜头应巧妙地抓住现场上最重要的东西并在取景框中适当地安排。摄像机推进或拉出目标，图像内容可大可小，每一个镜头都将表达一个不同的意思。具体原则是：摄取人物特写时，在视线前总应留有余地，人物向右看时应稍置于左角，人物向左看时应稍置于右角；在人物同一条竖线上不要放其他东西；摄人物近景和特写时，头顶上空余量太大或太小均不宜；摄取动作时，不必留有过多的余地，但应不使动作动到框外去；摄一组人像时，应避免有人被框破坏掉一部分；摄远景时，要考虑近处带进一些内容可以使整个构图变得更深。总之，构图应简单明了，不必要的东西应避免，物体不要相互重叠，要能使人看清物与物之间的间距。

此外，可根据现场物态、形状和表现的需要，采用升降、俯摄、仰摄和多角度取景的摄录方法。

无论使用何种方法，都要保持画面平稳，每个镜头的起始要考虑编辑时的回绕时间，即每个镜头都必须多录出提前量，便于编辑时连接镜头平稳不闪烁。

第九节 雷击火灾现场制图

一、火灾现场图的用途

（一）研究分析案情

在调查火灾原因时，通常需要一些便于分析和研究火灾现场的图，如起火部位摆放的物品、现场的各种电器及其线路，起火前现场人员的定位及活动情况的图等，这些图因为要及时绘出并随时改动，所以多为示意草图。

（二）汇报、讲解

对一些重特大火灾或重要场所发生的火灾，火灾调查部门经常要向各有关部门及上级领导汇报火灾原因的调查情况，此时，为了更直观地反映现场情况，就需要一些图，这些图要求大且清楚，突出所要反映的重点，便于理解。

（三） 存档

火灾现场勘验记录分勘验笔录、照片、图纸三部分，这三部分既相互统一又相互补充说明，是火灾现场客观、真实的写照，是按照诉讼程序处理火灾事故、火灾案件的具有法律效力的一种书面材料，是诸多证据中的一种重要证据。火灾现场图作为一种特殊的技术语言和必要的辅助工具，可代替一些烦琐的说明，对于综合分析现场，确定起火点及起火原因很有帮助。作为一种法律文书，必须把它归档，将来作为出示法庭的证据。用于存档的火灾现场图应比较正规且有一定的尺寸，以便建档保存。

二、火灾现场图的种类及画法

对于分析案情用的图，一般多为草图或示意简图，它们都有严格统一的画法和图例，只是便于调查人员分析研究现场用，所以不必刻意去统一画法。对于汇报用的图纸，画法基本与存档图一样，但因图面比较大，所以不一定要求像存档一样特别按比例绘制，它们主要的作用是便于讲解，所以图面一定要整洁，要求突出的重点部位用深色或彩色进行提示，其余部位可简化。

下面重点介绍一下存档现场图的种类和画法：

（一）现场图的种类

火灾现场图的种类很多，根据内容可分为现场物品复原图、现场电气线路图、现场人员定位图、产品工艺流程图和现场痕迹图等；根据图的形式，主要可分为平面图、立面图、剖面图和立体图等。要根据现场的具体情况，正确地使用图的形式，这样才能更准确、更清楚地表达所要反映的内容。如现场的起火点位于现场某段电路的正下方，那么应采用立面图和平面图相结合的形式来反映这段电路与起火点的关系，而不应仅采用平面图的形式。

（二）绘图要求

绘图人要坚持实事求是的科学态度，客观地反映现场实际情况；必须亲临现场细心观察，实地测量，不可凭空想象，估计绘制。

绘图人要抓住绘制重点，反映主要，简化次要。物品有主次之分，突出起火部位的或与火灾有关的物品，其余部位或次要物品可简略。

一些常用物品需按国家规定的图例，不可随心所欲任意绘制。对于一些不常见的，与火灾有关的物品需按其实际比例示意画出，并用图例进行注释说明。

下图为火灾现场平面图常用图例：

空门洞		起火建筑	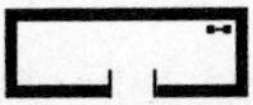
单扇门	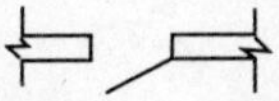	未起火建筑	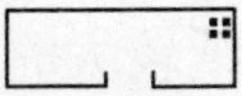
双扇门	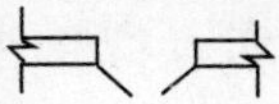	烟囱	
单扇推拉门		砖石、金属质墙	
双扇推拉门	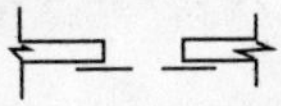	钢丝网、篱笆质墙	
单扇双面弹簧门		铁道	
双扇双面弹簧门	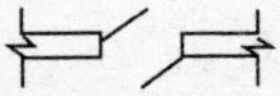	起火点	
窗	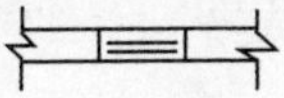	炭化区	
单人床		折断线	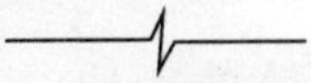
沙发		变电所	
电视机		配电所	
烟道		配电箱	
电梯		防水灯	
楼梯	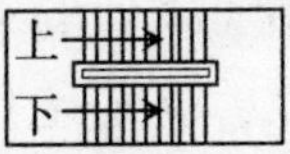 上 下	白炽罩灯	
		波浪线	

存档现场图的规格和要求：

(1) 图纸的大小要便于和其他文书一起装订。一般是对折后装订入卷，对于一些大面积的火灾现场，现场图纸较大时，可三折或四折后入卷。

(2) 要有图名，如×市×厂火灾现场平面图。书写时应采用国家公布实施的简化汉字，并宜用长仿宋字体。为了保证书写的大小一致、整齐匀称，要按字的大小先打好格子，然后书写。

(3) 要有指北针，指北针圆圈直径一般以25mm为宜，指北针下端的宽度约为直径的1/8。

(4) 有些现场，调查分析起火原因考虑到当时的风向及风力因素时，则必须在图上进行标注，供调查人员参考。

(5) 在有些现场中，常有许多特殊的或不常见的但与此次火灾有关的物品，因为它们没有规定统一的画法，所以要用图例进行注释说明。

(6) 要有绘图人和审核人的签名及制图日期，如果是按比例画的，还需标明比例。

(7) 对有些比较复杂的现场图不能清楚表达现场某种情况时，则需在图的一角进行适当的文字说明。

1. 平面图。平面图又可称为平剖图。假设用一个水平剖切平面，从便于研究火灾现场把整个火灾现场水平切开，移去剖切面以上的部分，然后向水平投影面投影，所得出的剖面图就是该火灾现场的平面图。对于建筑物内发生的火灾，平剖后得到的建筑平面图可表示该建筑的平面形状和内部的分隔、大小、用途及物品的摆放位置和相互间距，门窗的位置以及交通联系（楼梯、走廊、电梯间）等。如果一个房间内着火，就可以通过平面图看出是什么位置及周围环境情况。

2. 立面图。立面图又称为立剖图。用一个假想的竖直剖切平面，从便于研究火灾现场把现场沿铅垂方向竖直切开，所得出的剖面就是立面图。建筑火灾现场的立面图可直观地表现建筑物的外貌，反映建筑物的高度以及门窗、阳台、围墙、垃圾道及各种纵向管道的位置等。立面图主要用于反映有相对高度关系的现场，在立面图上也可根据火灾的性质及分析火灾现场的需要，重点标注出电路及现场某工艺流程等。立面图没有统一规定的图例，一般是根据物品或建筑的示意形状。

3. 剖面图。可以说平面图和立面图是剖面图的特殊情况，此外，对于一些特殊现场可根据具体情况绘制阶梯剖面图和局部剖面图等。

阶梯剖面图是指在一个剖切平面不能将火灾现场需要表达的内部结构一起剖开时，将剖切平面转折成两个互相平行的平面，将现场沿着需要表达的地方剖开，然后画出的剖面图。

局部剖面图是指当所剖部位外形比较复杂，完全剖开后就无法表达它的外形或无法进行较好对比时，可以保留原形状的大部分，而只将局部地方进行剖切后出的剖面图。原形与局部剖面之间要用徒手画的波浪线分界。

4. 立体图。在一张图纸上能同时反映出火灾现场各物体的长、宽、高三个向度，给人以逼真的印象，这样的图称为立体图。通常绘制立体图的方法有轴测法和透视法两种，前者属于平行投影，后者属于中心投影。由于轴测图和透视图的度量性都差，因此必须与现场平面图和现场立面图等正投影图相结合使用。又由于透视图是用中心投影法绘制的，看图时如亲临其境，因此在画火灾现场或起火部位立体图时，多数采用透视法。

第四章　雷击火灾事故的分析鉴定方法

第一节　雷击火灾现场的特点

雷击火灾现场尤其是雷电比较严重时，可能遗留以下部分特征，或者其中之一。

1. 金属熔化。如果雷电线路或电气设备时，则会造成多处同时短路或烧坏，这和由火烧引起的线路和电气设备短路的情况差不多。不过后者没有前者的破坏面广，它绝不会波及室外或者另外的建筑物。

2. 树木、电杆、横担劈裂。由于木材，尤其是树木中含有水分多，即易导电，又易气化，常常造成它们沿木纹方向的纵向劈裂。树皮与木质部之间水分更多，如果是雷电树林起火，常见被劈裂的树干和树皮剥离，附近树叶烧焦。

3. 建筑物被破坏。常被雷电破坏的有烟囱、高墙、房脊、房檐等高处构件。木结构常被击碎为条状，建筑物被击坏也常是呈纵向破坏，前者与木结构有关，后者与雷通道有关。雷电有时会使混凝土、岩石、红砖表面烧熔，油漆表面变为焦黑。

4. 雷电有时可使混凝土构件中性化。雷电部分的颜色与原色相比变浅，表面光滑带有光泽。

5. 雷电通道附近的铁磁性材料被磁化。

6. 环形金属线（丝）接头、端头可能产生电熔痕，这是电磁感应作用的结果。

7. 有时雷电能造成货堆、建筑物及人畜等的穿洞。

8. 雷电地面时，若地下有金属或矿藏，有时可将地面泥土局部掀起，击出一个坑状痕。

9. 尸体呈电击状，内查心脏、脑神经呈触电麻痹症状；有的尸体外表有树枝状“天文”烧痕，或者衣服、头发被烧焦；随身金属熔化、磁化。

10. 避雷器的记录。避雷器并不是避雷，而是引导雷电通过。如果附近发生雷击火灾，这个避雷器应当有所记录。高级的避雷器有专门的雷电计数器，一般的避雷针可在其接点、放电间隙发现放电痕迹。

第二节 雷击痕迹的发现

有的雷击痕迹比较容易发现，比如建筑物的破坏、木材的劈裂、雷电穿洞以及尸体等。它们既易发现，又易辨认。但破坏不严重的落雷处则不易发现。对于雷击痕迹不明显的火灾现场，我们要首先访问群众，让目击者指出落雷点，他们可能指出一个区域和方向。如果没人发现，则可以按地形特点和地面设施情况寻找雷击痕迹。

一、根据地形建筑寻找

1. 土壤电阻率较小的地方。

2. 良导体和不良导体的交界区。

3. 有金属矿床的地区、河岸、地下水出口处、山坡与稻田接壤的地方。

二、根据地面设施寻找

1. 空旷地区的孤立建筑物，如田野里的水泵房和草棚等。

2. 建筑高耸物及尖形屋顶，如水塔、烟囱、旗杆等。

3. 烟囱热气柱、工厂排废气管道等。

4. 金属屋顶、地下金属管道，内有大量金属设备的工厂、仓库。

5. 大树、天线、输配电线路。

直击雷、雷电波侵入、雷电电磁感应、雷电静电感应引起的火灾，在现场上可从以下几方面进行分辨：

1. 引燃能力不同。它们的引燃能力依次减少，直击雷可引燃一切可燃物体，雷电波侵入可引燃纤维性固体，雷电电磁感应可引燃细小纤维物质，雷电静电感应只能引起可燃气体、粉尘爆炸。另外，前两种可造成被雷电物体的机械性破坏，后两种则不能。

2. 起火部位不同。直击雷引起的火灾一般是被击物表面起火，雷电波侵入和雷电电磁感应引起的火灾一般起于建筑物或货堆的内部。

3. 起火时间不同。直击雷引起的火灾和雷电静电感应引起的爆炸发现较早，另外两种雷击火灾由于一般起于建筑物内部，因此发现较晚。

4. 剩磁不同。它们对雷电通道附近的铁磁性物件磁化能力依次减小，直击雷可造成0.3mT~3mT的剩磁，雷电波侵入、雷电电磁感应产生的剩磁很小，雷电静电感应造成的火灾，在现场则很难测出剩磁。

第三节 雷击火灾的鉴定方法

一、物理学鉴定分析法

（一）金相分析法

金属在火灾现场高温作用下，当温度低于其熔点时，主要发生内部晶体组织的变化和表层氧化，由于内部组织的变化而导致物理性能的变化；当温度高于其熔点时，会发生形态变化。这种变化特征可以证明着火时其所在位置的温度。特别是可燃物充分燃烧、非金属不燃物体上形成的痕迹被破坏的现场，利用金属变色、变形、熔化痕迹确定起火点是非常行之有效的。

1. 物态变化。由于火灾现场的区域温度不同，金属物品会发生熔化、熔滴、熔瘤、软化等不同程度的变化，但总会有全部或局部转变成液态的现象。熔化、熔滴的金属流，滴到地面上经过冷却，就会以金属熔渣的形式被保留下来。熔渣的数量、形状以及被烧金属的熔融状态就是火灾现场当时温度的记录和证明。

2. 表面氧化。铁、铜等金属在火灾条件下会在其表面发生快速的氧化反应，产生金属氧化物锈层。在常温并在水或水蒸气的作用下生成一部分氢氧化物，在二氧化碳气氛中还会生成少量碱式金属碳酸盐。铁的氧化物、氢氧化物大多是红褐色。火灾作用下的铁制品受到水流的冲击，则会像淬火作用一样，使其表面发青，并使氧化层剥脱；铜制品生成的锈层主要成分是氧化铜，呈黑色。在超过1000℃时，氧化铜分解失去部分氧，转化成褐红色的氧化亚铜。

金属在火灾条件下较短时间形成的锈层与自然条件下较长时间形成的锈层有许多不同点，前者成分比较单一，主要是氧化物，厚薄均匀，颜色一致，表面平整，锈层沉着时间短，结合不紧密，起层，容易脱落；后者成分除氧化物外，还含有盐、碱类化合物，厚薄不均，颜色不一致，有锈斑凸起，不平整，锈层与本体结合紧密，不起层，不易脱落。

薄板型金属在不同温度下氧化变色呈现明显的层次，这种有层次的颜色变化反映了火灾时这块金属板上温度的分布。火灾后观察鉴别金属物体上颜色和氧化层特征反推出颜色变化部位火灾时达到的温度，通过对比找出受温最高部位来确定起火点。

3. 弹性变化。金属构件在火灾作用下会失去原来的弹性。这种变化也是分析火灾现场情况的一种根据。

如果起火前刀形开关处于合闸位置，在火灾作用下，金属片就会退火失去弹性；如果发现刀形开关两静片的距离增大，则说明它们在火灾时正处于接通状态；如果两静片虽已失去弹性，但仍保持正常距离，说明火灾当时没有接通。

4. 强度变化。钢材的强度在0℃~250℃内基本没有变化，而且在250℃左右还略有增加。只是在达300℃以上强度开始下降，500℃时强度只有原来强度的1/2，600℃时为原来强度的1/6~1/7，强度几乎殆尽。因此，火灾现场上钢构件大幅度变形或塌落，即说明那里经历过500℃以上的高温，并且说明火焰作用的时间在15min以上；如果火势发展快，火流很快通过，钢构件不致变形、塌落，但可以判明高温作用的时间在15min以下。

由于金属的导热系数（一般钢材的导热系数比木材大100~200倍，铝的导热系数比木材大500~1100倍）、热膨胀性都很大，因此在火灾中金属局部强度很快降低，在外力（重力）、膨胀力作用下形成不同特征的变形痕迹。这些痕迹与火灾温度、作用时间及受热先后条件有直接关系。一般受热时间早、受热温度越高的部位先失去强度，变形大。可通过鉴别金属物体变形程度和变形特征，判定出受温最高、最先受热部位来确定起火点。

5. 结构变化。金属组织变化主要是指金属构件在火灾条件下其晶粒形状、大小和数量的变化，有时还会有某种成分的溶入或析出。前述的金属弹性变化、强度变化都是由金属内部晶粒结构变化引起的。

金属在不同的加温温度、保温时间、冷却速度条件下会形成不同的金相组织，因此通过已知的金相组织可以分析受热过程。通过火灾现场上关键金属制品或有代表性位置的金属构件的金相组织变化，可以推断火灾现场的燃烧温度、燃烧时间及冷却情况。

某些金属构件、金属材料，如钢板、角钢、钢筋、钢丝以及铝铜导线等，都是由冷轧、冷加工制成的。由于冷拔加工，金属内部的晶粒形状由原先的等轴颗粒改变为向变形方向伸长的所谓纤维晶体。在受热条件下，由于金属原子可以自由排布，因而发生再结晶，于是金相组织开始变化，加工变形时破碎了的晶体变成整齐的晶粒，由伸长的晶粒变成等轴晶粒，宏观上金属由硬变软；再结晶完成后，若温度继续升高或延长加热时间，金属晶粒还会继续增大，称为集合再结晶。再结晶后的晶粒变化与加热温度是增函数关系，因此根据金属受热后晶粒变化的大小，可以推断它在火灾时的大致温度和火灾作用时间。

金相组织变化的证明意义不只是说明火灾现场某处当时的温度，更重要的是用于鉴别电气火灾、雷击火灾的成因。必要时可通过有关科研单位拍摄金相图片或电子显微镜图片佐证。

建筑物金属构件、收音机金属天线、金属管道、防雷装置的接闪器、引下线等由于雷击而产生的金属熔痕的金相组织类似电熔痕，可以与火烧熔痕区别开。因为雷电作用温度高于火灾现场的火灾温度，且作用时间极短（直击雷主放电时间一般为0.05ms~0.1ms，总放电时间不超过100ms~130ms），故只能造成金属表面的熔化，熔痕的金相组织致密细小。

电气线路和设备受雷击造成的短路熔痕，在金相组织上更容易与火烧熔痕相区别。这种雷击短路熔痕分布面广、线路长,在整个电流经过的线路设备上都可能出现。

（二）剩磁检验法

1.剩磁法的原理。在电流的周围存在磁场，处于磁场中的铁磁材料将受到磁化，将磁场去掉，被磁化的介质不恢复到磁化前的状态，而且保留一定的磁性，该磁称剩磁。

一般电气线路中正常流动的电流，虽然也会产生磁场，但磁化强度很小，受其磁化的铁磁材料上能够保持的剩磁也不多；而当线路发生短路时，会产生异常大的电流，使线路周围出现相当大强度的磁场，铁磁材料会受到很强的磁化作用，将会留下许多的剩磁。这种存在于铁磁材料中的剩磁，既看不到，又摸不着，也嗅不出，但可用仪器检测到它的存在和大小，并可用于鉴别导线短路及雷击火灾。

2. 应用范围。剩磁法可用于线路、设备短路及雷电流引起的火灾。前面所述的鉴定方法，都是应用在对金属熔化痕迹的鉴定，从熔化痕迹上判断出熔化性质，但在实际火灾中，调查人员常为找不到线路或设备的短路熔痕而感到困惑。即使排除了其他原因而确认属于线路短路引起的火灾，但由于缺少痕迹来做物证，难以做出结论。采用剩磁法可以解决这一难题，其应用范围如下：

（1）检测导线附近的铁丝、铁钉。在实际生产和生活用电中，导线附近常有一些铁钉、铁丝一类的铁磁金属材料，即使是按规定布设的线路也难避免，如将导线绑扎在瓷瓶上的铁丝、固定木槽板的铁钉、日光灯电源线与垂直下来的吊链等。尤其是有些人为了一时方便，乱接乱拉电线，有的将电线用铁丝绑上，有的挂在铁钉上，或用铁钉固定在墙上，或者导线附近放有各种铁金属材料、器件等。当怀疑某些线路有可能引起火灾时，就可以对其附近的铁钉、铁丝及其他铁金属材料进行检测，从而可以判断该线路究竟有没有通过电，是否发生过短路。

⑵ 检测穿线铁管。在很多情况下，导线穿铁管敷设，因此可检测铁管有无剩磁。

⑶ 检测拉线开关。拉线开关内也有像钢弹簧等铁磁性材料，可以借助这些材料，检测剩磁情况。

⑷ 检测灯具。普通白炽灯、日光灯等，如怀疑电源线有短路可能，可检测灯具的铁金属部分，也可检测日光灯的垂吊铁制拉链或镇流器外壳，因为镇流器的安装大部分是靠近电源线，容易受到磁化。

⑸ 检测配电箱。配电箱内发生短路，可检测的物件很多，如铁壳配电箱上的铁板、螺丝等，即使配电箱是木板的，除检测螺丝外，箱上铁钉、折页均可作为检测对象。

⑹ 检测人字房架上的拉筋。棚内发生火灾，如怀疑与线路短路有关时，可以检测房架上的金属拉筋以及钉在房架上的铁钉，或固定导线瓷瓶上的铁丝等。

⑺ 检测其他金属材料。凡在有电流通过的导线及电气设备附近的杂散金属材料、器件均可作为检测对象。但以小一些的物体为宜，大体积的金属物体被磁化不明显，很可能测不出来，或测出的数据很小，不适于

作为判据使用。

(8) 检测雷击火灾现场。雷电流通过的地方同样也会有磁场，一些铁磁金属材料被磁化而留有剩磁。利用这一特点可以判断该处是否遭受到雷击或雷电感应。现场中的一切铁磁金属材料均可作为检测对象，当然也是以小一些的物体为宜。检测时不妨多测一些部位和场所，以便进行比较。

3.应用方法及判据。

(1) 剩磁数据法。剩磁数据是确定是否发生过短路的重要依据，如果说测不出剩磁，也就说明该线路或设备没有发生过产生异常大电流的短路现象，但也不能只根据一两点的数据就确定是由短路引起的火灾。因为有些物体本体上就由于某种原因存在一定量的剩磁，而且有的剩磁还相当大。所以要多测一些，多取一些数据，经过分析研究后做出确定，究竟以多大数据可以确定为短路，或不可以确定为短路，按照材料的种类，做如下的划分:

①铁钉剩磁。一般铁钉在正常电流下，也会受到磁化，但被磁化的强度并不大，即使经过长期使用，其剩磁为0.lmT~0.5 mT。但在短路情况下，其剩磁一般为0.2mT~l.5mT，多者为2mT以上。按照钉类不同，其极限剩磁约为4mT左右。由于数据的低限有重叠，所以

0.5mT以下不做确定短路的判据使用，1.0mT以上作为确定短路的数据，当然数据越大，定性越准确。

②穿线铁管、屋架钢筋剩磁。穿线铁管和屋架的金属拉筋，无论是实验和现场实测，确定短路的剩磁数据均在1.5mT以上，不低于1.0mT时可做参考，低于1.0mT以下时不做判据使用。

③拉线开关剩磁。检测拉线开关时，应以铜弹簧的剩磁为准，大于1.5mT时可做确定短路的判据使用。

④杂散铁件剩磁。线路附近往往存在一些尺寸较大的杂散铁件，如铁棒、角铁，金属框架、工具等。由于这些杂散铁件体积较大，形状不一，处于磁场中的位置不同，本底固有剩磁情况不清楚等，即使导线真的发生短路，磁化作用并不明显。所以在现场无法判明本底剩磁的情况下，就不能用检测到的剩磁数据来确定是否发生过短路，应在广泛了解同类铁件本底剩磁情况后再做出决定。

⑤雷电流剩磁。雷电流磁化铁金属材料后留下的剩磁大小，决定于雷电流的大小与物体处于雷电流路径的距离远近，其磁化距离通常要比一般线路短路磁化距离要大。雷电流剩磁数值高低不一，在实际现场中比较适于做定性判断。根据实验和现场实测，一般铁钉的剩磁为1.7mT，铁桶的剩磁为1.2mT。当避雷针上流过20kA

电流时，避雷针上的预埋支架、U形卡子等附件（螺钉螺母除外）将被磁化到2.0mT~3.0mT，雷电流垂直通过1×2m²铁板平面，也使铁板四角产生2.0mT~3.0mT的剩磁。但是，避雷针本身端部的剩磁却比较低，只有约0.6mT~1.0mT。这是由于电流沿其轴线流动，磁场正与轴线垂直的缘故。因此，在确定是否雷电流作用时，不应以避雷针尖端的剩磁大小做判据，可以用杂散铁件、钉类、细长钢筋的剩磁作为判据。其判据数值应在1.0mT以上，当然数据越大越说明问题。

（2）剩磁比较法。剩磁比较法是在实际火灾现场中，将怀疑有过短路和没有短路的线路及设备，通过检测进行比较，而得出结论的一种方法。在上面已经提到，确定是否发生过短路，要由数据来证明，并且还要有一定的数值要求，达不到该数值的则不予考虑。但由于剩磁形成的大小与诸多因素有关，不一定每次短路所留下的剩磁都能达到上述列举的数据。即使低于作为判据的数值，也有可能是因短路而引起的火灾。尤其对于大一些的不易被磁化的杂散部件更具有这种意义。如黄岛油库最先爆炸起火的5号油罐，最大剩磁为10.5mT，而距离约70m处的4号油罐其剩磁均不超过2.0mT。这就证明当时的雷电流主要经路是5号油罐，4号油罐则是受强大电流感应的结果。此外，像穿线铁管、配电箱、杂散铁件等，均可用比较方法得出结论。不一定非得符合上述剩磁数据，才能确定导线短路。

(3) 剩磁规律法。剩磁规律法是运用剩磁由强到弱的衰减规律，确定短路火灾的一种方法。剩磁的大小，通常是与导线及短路点和雷电流的经路有关，距导线越近其剩磁越大。实践证明，短路电流为390A时，铁钉距导线3mm处剩磁为1.5mT；距导线12mm为0.9mT；距22mm处为0.6mT；距32mm处为0.2mT；距52mm处为0.1mT；距72mm处为0mT。所以，在现场检测时，要找出这种规律性，只有符合这种规律才能更有力地说明曾经出现过大电流通过这一事实。如中储棉侯马代储库火灾调查中，经使用SCY-04型剩磁测试仪对相关点位进行了剩磁测量。其中，六区6垛北侧西沿向东7.4m处枕木裸露钢筋剩磁值为1.3mT。六区5垛南侧西沿向东4.3m、5.2m、9.1m处枕木裸露钢筋剩磁值分别为3.0mT、2.3mT、1.7mT；西沿向东2.7m~3.4m、南沿向北2.9m~5.7m范围内枕木裸露钢筋剩磁值为4.3mT；北侧西沿向东21.2m处枕木裸露钢筋剩磁值为1.7mT。六区4垛，南侧西沿向东1.7m处枕木裸露钢筋剩磁值为2.2mT，东侧枕木裸露钢筋剩磁值为0.8mT。六区3垛东端枕木裸露钢筋剩磁值为0.5mT。六区2垛东端枕木裸露钢筋剩磁值为0.2mT。六区东侧围墙内3处照明灯杆顶端剩磁值由南向北分别为1.1mT、1.1mT、1.2mT。离雷击通道越近的铁丝剩磁值越大，往外逐渐减小。

上述三种方法，视火灾现场实际情况，可单独使用，也可综合使用。但当短路与其他火因交叉时，一定要查清其他火因的可能性，在没有排除其他原因时，不要轻易做出结论。

4.仪器及使用。

(1) 剩磁法采用的仪器是毫特斯拉计（或高斯计）。它是应用霍尔效应原理，能快速测量交直流磁通密度，检测磁性材料。原测量单位为高斯（GS），为了推行国际单位制改为毫特斯拉（mT），其换算公式为1mT=10GS，使用时只需将该测量值乘以10就等于高斯值。仪器的结构、技术特性、电路原理图等详见相关仪器的使用说明书。

(2) 仪器中的霍尔变送器（即探头）为易损元件必须防止受压、挤、弯和碰撞等，以免损坏元件，无法使用。

(3) 检测时不要将探头垂直在被测物件上，应使探头端部平贴在被测物件上，慢慢改变探头位置和角度进行搜索式测量，不准用力向下按，更不准用探头敲打被测物。

5.注意事项。

⑴ 注意火灾现场中有无磁性材料，因为这些材料也会对周围的铁金属材料产生磁化作用。特别是当磁性材料多的情况下，很难分清是哪种磁作用的结果，在这种情况下就不宜采用本方法。

⑵ 要注意被测线路和设备过去是否出现过短路现象，火灾现场过去是否受过雷击，如果过去出现过短路或雷击也不宜定期采用本方法。

⑶ 火烧造成的短路同样也会产生磁场，使铁金属材料被磁化。在这种情况下，可根据起火点处的具体情况，分析有无形成火烧造成导线短路的因素，在查清后再做出结论。

⑷ 对于剩磁的保留时间问题，铁金属材料一经被磁化之后，其剩磁能保持数年，自然衰减很小。这一点给检测带来有利条件，不必担心因检测时间晚，剩磁会退掉。

⑸ 导线的某一点发生短路，沿导线全长或一段距离内（实测10m）的导线周围都会因大电流作用而产生较强的磁场。因此，只要是同一条线路，即使处于起火点之外或火灾现场以外，也可作为提取检测样品的范围，这就更为检测提供了便利条件。

⑹ 检测铁钉、铁管及杂散铁件时，要求必须是位于起火点或起火部位中导线附近的铁磁材料，对于处在

非起火点内的铁磁材料可不必检测，也不能以该处铁磁材料的剩磁作为判断短路的依据。

(7) 检测前应核实导线所处的位置，核实的方法可通过电工或知情人到现场指明，也可根据固定导线的瓷瓶情况辨认。然后在导线附近找到可以检测的铁磁材料，要求所测的材料与导线的距离，原则上越近越好，以不超过200mm为宜。因为再远时，剩磁明显降低，从数据上来说很难确定。在这种情况下，可采用比较法来确认。

(8) 检测时尽量在火灾现场进行，不必将所测对象拆掉，但如所处位置不便检测或温度低于0℃以下仪器不灵时，可以拆下检测。

(9) 检测铁磁材料时，应视材料的种类选择好检测的位置。如果是铁钉应分别检测钉尖和钉帽，如果是铁管、铁棍应检测两端突出于平面的尖端部位，杂散铁件应检测有棱角及突出于物体的尖部。上述检测均以指针稳定时的最大剩磁为准，因此要反复检测几个点，求出最大剩磁值。

(10) 拆卸被检测物体的工具，应尽量使用没有磁性的或剩磁不超过0.1mT的。不得对被测物弯折，取下的试样应做好标记，与其他试样分隔保存，不要混放一起，远离强磁场，避免摔打，以免破坏剩磁。

雷击造成的现场上铁磁性材料的剩磁，可以利用毫特斯拉计（或高斯计）进行检测。雷电流一般可使附近铁磁性构件产生1.0mT以上的剩磁。检测剩磁常在现场原地进行。为了检测准确，要注意以下几点：

①避免磁性干扰和物证的磁性损失。原地检测时，检查火灾现场中附近有无其他磁性物体存在，如有则需采取措施加以排除；取样检测时，不要将样品混于一堆，检测应分别进行；被测物件需拿至场外进行检测时，各物件应避免碰撞或敲打，以免磁性损失。

②进行比较验证。除了对雷击通道附近的铁磁性物件进行剩磁检测外，还需对其他部位的铁磁性物件或电气设备进行比较检测。如果现场其他区域的铁件都有1.0mT左右的磁性，那么就很难判断是雷击所造成的剩磁了。

③调查能引起磁化的其他原因。了解被测物件附近在这次火灾前是否曾有过大电流短路或雷击现象，以免将以前某种原因造成的剩磁误认为是此次雷击造成的。

（三）力学性能测定法

力学性能测定主要是对材料包括焊缝的机械强度、硬度等方面的测定，以分析破坏原因、破坏力及火灾现场温度。

（四）断面及表面分析法

主要是对金属或其他材料破裂断面特征和材料内外表面腐蚀或破坏程度的观察检验，从而分析判断材料的破坏形式和破坏原因。

二、化学分析鉴定法（中性化检验法）

化学分析鉴定是以测定现场残留物的化学组成及化学性质为主要目的的一种方法。通过对现场残留物的化学分析可以达到两个目的：一是根据残留物、产生物分析现场存在的是什么物质，有无危险性，在什么条件下造成火灾或爆炸；二是根据现场某些物质是否发生了化学反应及其程度判断火灾现场温度。在雷击火灾中通常采用中性化检验法。

受雷击而未经过火烧的混凝土构件，其水泥在雷电高温作用下氢氧化钙会转变成中性的氧化钙，通过检验雷击部位混凝土构件的碱性，即可判断受雷电高温作用情况。

（一）混凝土在高温下的变化

混凝土加热到100℃以上，毛细孔中开始失去水分；100℃~150℃由于水蒸气蒸发促进熟料进一步水化，使其抗压强度增高；200℃~300℃由于排除了硅酸二钙以及硅酸钙凝体吸收的水分而导致组织硬化；300℃以上由于脱水增加，混凝土收缩而骨料胀断，开始出现裂纹，强度开始下降，随着温度升高，水泥收缩和骨料膨胀加剧，两者结合被破坏，水泥骨架破裂成块状；537℃时，骨料中的石英晶体发生晶型转变，体积膨胀，混凝土裂缝增大；575℃时氢氧化钙脱水，使水泥组织破坏；900℃时其中的碳酸钙分解，这时游离水、结晶水化物的脱水基本完成，强度几乎丧失。

混凝土的裂缝和酥裂在火灾后还会保留下来，其中酥裂还会加剧。

由于氢氧化钙的脱水、碳酸钙的分解，混凝土中生成了氧化钙。在射水的作用下或者火灾后吸收空气中的水分，氧化钙再次水化，体积膨胀，水泥层酥松剥落。

混凝土在高温作用下的颜色变化：温度不超过200℃颜色无变化，300℃~500℃呈淡红，700℃~800℃呈灰白色，900℃呈草黄色。颜色变化的深浅取决于铁的某些化合物存在的情况，所以不同混凝土的颜色变化程度会有一些差别。上述颜色变化可能保留。因此，在外观上可能通过其上面裂缝的数量、深度和酥裂剥脱的厚度以及变色等情况判断火灾现场当时的温度。

（二）混凝土承受温度的鉴定

1. 火灾现场直观鉴定。根据混凝土构件强度和外观的变化判定火灾现场温度：外观无变化，强度增加（100℃~300℃）；开始有裂纹，强度不变（300℃~400℃)；裂缝增大增多，强度下降较多（600℃~700℃)；酥裂破坏，强度几乎消失（800℃~900℃)；熔结、熔瘤（1000℃以上)。

混凝土在600℃~700℃高温作用下，强度一般不会降低；当温度大于800℃时产生严重龟裂，强度急剧下降，经冷却后强度不能恢复，表面酥脆。

某些专门设计生产的耐高温混凝土，在1000℃以下高温作用下没有明显的变化和破坏，还可根据混凝土建筑构件耐火极限及其烧坏程度判定起火时间。

2. 化学方法鉴定。

化学方法鉴定的主要依据是混凝土在火灾中的下列两个反应：

$$Ca(OH)_2 \xrightarrow{580℃} CaO+H_2O\uparrow$$

$$CaCO_3 \xrightarrow{900℃} CaO+H_2O\uparrow$$

因此可通过现场烧过的混凝土中性化测定、二氧化碳含量测定和氧化钙含量测定来分析混凝土构件在火灾中曾受到的温度和作用时间。

中性化测定可以直接用于临场鉴定，固化后的水泥含有一定数量的氢氧化钙，所以具有碱性反应。由于火灾的作用，氢氧化钙发生分解，其中产物水以水蒸气的形式挥发。虽然说氧化钙也是一种碱性氧化物，但是在没有水的情况下也产生不了氩氧根离子，因此在酚酞酒精试剂下析不出碱性，即称为中性化。可以利用这一特性，采用1%的酚酞酒精溶液检验水泥构件在火灾中受热的温度。具体做法为，将酚酞酒精试剂涂抹在欲测水泥构件上，也可以碰取水泥碎块放在酚酞试剂瓶内，观察颜色变化。其中呈红色变化的，说明那里有氢氧化钙存在，借以判断出该水泥构件在火灾中承受温度不超过500℃，或者受火时间很短；如果不呈红色，或者红色非常浅淡，说明那里的氢氧化钙已经分解或分解大部分，其承受温度在600℃以上。

三、直观鉴定法

直观鉴定是具有鉴定经验的人员根据自己的知识、经验，用感官直接或用简单仪表对物证的鉴定。

四、事故排除法

事故排除法是雷击火灾调查、分析、确定最常用的方法。对于雷击火灾发生以后，没有残留物，没有雷击痕迹，同时也无人证、物证时，则必须采取排除法，但必须确保鉴定结论的科学、客观和公正。

第四节　判定雷击火灾应注意的问题

在从宏观上分析判定雷击火灾时应当注意两点：一是在有的情况下，尽管安装了避雷针仍有可能发生雷击火灾；二是在另外的某种情况下，尽管不设避雷针也能避免雷电的破坏。

第一点主要是针对感应雷和雷电波侵入。普通避雷针能有效地防止直击雷的破坏，当雷云接近被避雷针保护的建筑时，首先对避雷针放电，将雷电流泄放大地。但是避雷针并不能完全防止感应雷和雷电波侵入的破坏，因为雷云在向避雷针放电前，即可使地面某些物体产生静电感应电荷，不管直击雷通过不通过避雷针，都可使雷电通道附近的金属产生感应电势，雷电被可能从远离避雷针的地方侵入。所以我们不能因现场装设了避雷针就轻易否定雷击火灾。

第二点主要是针对油库火灾。油库一律装设避雷针的要求已经过时，只要金属油罐车身接地良好，就可将雷电流导向大地，而且因不装避雷针还减少了罐区的落雷机会，雷击虽然有很大的机构破坏力，但因金属不含有水分，所以对金属并没有这种机械破坏作用。雷击点可造成局部金属烧熔和击穿薄的金属板，但经计算和实验，最大雷击电流只能熔化1.55mm厚的钢板，且背面温度不超过220℃，这个温度大大低于烃类油品的自燃点。因此我国国家标准《石油库设计规范》（GBJ74-84）规定下列油罐可不装设避雷针：

①罐顶厚大于4mm的钢油罐，但要求安装合格的阻火器并良好接地。

②浮顶油罐，浮顶与罐壁用可挠性金属连接并良好接地。

③覆土油罐，覆土厚度大于0.5m，出气管口要装设高过金属件0.5m的小避雷针。

④可燃液体贮罐，因可燃液体闪点大于45℃，一般情况下罐内空间和其出气口的蒸气达不到被引燃的浓度，故不装避雷针（南方炎热的夏季应另行考虑，或装设避雷针，或安装可靠的阻火器）。对于上述油罐，如果恰巧雷雨天发生火灾，要仔细检查验证。如果阻火器、接地等安全措施符合规范要求，尽管没设避雷针，也不要轻易做出雷击火灾的结论。按规定不装设避雷针的油罐如果阻火器失效，或者浮顶与罐壁的金属连接线折断，或者罐体裂缝、管路故障以及装卸不慎等造成油品泄漏，仍可能发生雷击火灾。

第五章　典型雷击火灾调查案例

第一节　稷山县“5·11”大佛寺火灾事故调查情况

2004年5月11日4时左右，山西省运城市稷山县大佛寺大佛殿建筑二层遭雷击发生火灾，将大佛殿二层建筑及一层部分建筑烧毁，造成直接经济损失25.2万元，无人员伤亡。火灾发生后，运城市消防支队领导与稷山县政府各级领导组成临时火灾现场指挥部，根据火灾现场侦查情况，按照“先控制，后消灭”的原则，采用“上下合击，四面堵截”的战术，于当日5时20分将火势完全控制，于6时05分将残火彻底消灭，并将大殿塌落物全部疏散到殿外，成功地保护了殿内金代土雕大佛及部分建筑。

一、单位基本情况

大佛寺位于稷山县县城东北1km的高崖上，又名清凉院、佛阁寺，为山西省重点文物保护单位。大佛寺大殿东西两侧分别为十王洞、十六罗汉洞，南为水泥台，北靠土崖。大殿长22.6m，宽17m，高26m，建筑面积384.2m^2。殿内有一尊金代土雕大佛，高20m，宽6.7m。大殿为两层砖木结构，为清代建筑。

二、火灾扑救经过

2004年5月11日4时09分，稷山县消防大队接到县公安局110指挥中心接警调度电话，立即出动3辆水罐消防车、16名指战员，于4时30分到达火灾现场。到达现场后，立即组成火情侦查小组，进行火情侦查，向稷山县各级领导汇报相关情况。经火情侦查，发现大殿二层建筑已燃起大火，威胁着殿内金代大佛的安全，殿内无被困人员。稷山消防大队按照“先控制，后消灭”的原则，在大殿东侧及正面各设置一水枪阵地，另有3人专职负责供水。4时30分左右，稷山县县长、县公安局局长相继到达火灾现场，组成临时火灾现场指挥部，制定救火方案。由于大殿处于高崖之上，加上当日风大、雨后道路湿滑、火灾现场附近无水源等原因，火灾现场只能采用运水的方式进行灭火。火灾现场指挥部命令1辆水罐消防车出水灭火，其余2辆运水，同时请求万荣县消防大队前来增援。5时10分，万荣县消防大队1辆水罐消防车、5名指战员前来增援，负责火灾现场供水。5时15分，运城市消防支队领导到达现场加入指挥部，并立即组织第二次火情侦查。此时，大殿二层建筑已经倒塌，一层建筑起火，火势向四周蔓延，倒塌下来的木材着火威胁着大佛安全。火灾现场指挥部布置作战方案，采取“上下合击，四面堵截”的战术，在大殿东侧设一阵地扑救二层残火；在大殿正面二层设一阵地，由上向下灭火；大殿西侧设一阵地，控制火势向西蔓延，其余人员负责供水。5时20分，对火灾现场发起总攻，将火情控制，随后组织人员入殿清理木材，于6时05分将残火全部扑灭。

三、火灾现场勘验情况

火灾扑救后，由山西省消防总队牵头调查的专家组8人对火灾事故进行调查，于2004年5月11日8时25分进入现场，开展火灾调查工作。

1. 询问调查稷山县博物馆馆长王某，县文体局局长卫某，最先到场的消防队员苏玉田、刘强等人得知，火焰是从大佛殿房顶东南处向上冒出，东面火势开始时较大。

2. 火灾现场环境勘验。大佛殿二层建筑屋顶全部塌落，仅余东西两侧的立墙。

3. 火灾现场初步勘验。

(1) 一层建筑共8根立柱，东面靠近大佛底部的2根立柱的根部有燃烧痕迹，炭化程度下重上轻，至中部就没有了燃烧痕迹。西面靠大佛底部的2根立柱及靠近大殿西墙的1根立柱由底部向上有段燃烧痕迹，炭化程度也为下重上轻。立柱中部至上部与横梁交接段无燃烧痕迹，说明一层立柱燃烧是由于上方塌落的火源引起的。

(2) 大殿一层上方有3根南北走向横梁、1根东西走向横梁。东西走向的横梁两端有明显的燃烧痕迹，东西段均有而中部无炭化痕迹。南北走向的3根横梁，东南方（中间）横梁的炭化程度最重，西边的次之，东边靠墙的1根最轻。且这3根横梁炭化程度都是南端重、北端轻，炭化最严重的为东南方横梁的南端。说明大殿一层上部东南部位最先着火，西南部位后着火，火势向四周蔓延。同时说明，火灾的起火部位不在大殿一层上部。如起火部位在一层上部的东南部位或西南部位，火势必定会沿着横梁蔓延至西南或东南，东西走向的横梁中部区域必定有燃烧痕迹。说明大殿一层上部横梁是由于上部塌落的火源引燃的。

(3) 大佛头部以及胸部有烟熏痕迹，大佛东面的脸部烟熏痕迹重，西面轻，头部背面及北部几乎没有烟熏的痕迹，说明大佛的东南方火势大，西南方火势小，背面火势更小，起火部位在大佛的东南方向。

4. 火灾现场细项勘验。

(1) 大殿二层顶部塌落的木椽上的燃烧痕迹内重外轻，最外端无燃烧痕迹，说明火势是从南向北蔓延的，起火部位不在大殿二层建筑的北段。

(2) 大殿二层东侧墙面底部无燃烧痕迹存在，说明大殿二层靠东侧墙面底部没有着火。

(3) 根据当地气象局的数据显示：2004年5月11日4时当地风向为东风，5时为东北风。假设起火部位位于大殿二层的西南方位，根据当时风向，火势应该向西蔓延快，向东蔓延慢，西南方的火势要比东南方大，而事实上，消防人员在扑救火灾时，东南方的火势比西南方的火势大，火灾勘验结果也证明东南方位燃烧痕迹重于西南方位。

综上所述，根据调查询问、勘查取证，确定起火部位在大殿二层建筑的东南范围。

5.火灾现场专项勘验。

（1）经调查询问，5月10日晚大佛殿内无人员活动，当晚为雷雨天气，周边亦无人活动，排除纵火和人为造成火灾的可能性。

（2）5月11日3时到5时，大佛寺停电，排除电气线路造成火灾的可能性。

（3）据当地气象部门提供的数据表明：5月10日晚21时至11日2时为雷暴天气，大佛寺位于稷山县最高处，未安装避雷设施，在此情况下，极易引发雷击火灾。

（4）调查人员利用剩磁检测方法，对大殿东侧墙面上的铁器检测得出数据为0.8 mT。对距大佛殿东墙12.2m、后墙4m处发现的1根长2.35m，直径10cm的后椽檐上一枚长23cm的铁钉（稍弯曲）周边检测，数据分别为1.4 mT、1.5 mT、1.6 mT、1.7 mT，充分证明大殿二层经过雷击。

综合气象专家分析意见及调查组剩磁法检测数据，认定此次火灾起火原因系雷击大殿建筑东南侧处引发火灾。

四、火灾损失统计

此次火灾烧毁了大佛殿的二层建筑及部分一层建筑，直接经济损失25.2万元，无人员伤亡。

五、事故教训及防范措施

1. 大佛寺值班人员没有及时发现火情，导致报警晚，贻误最佳战机。

2. 文物古建筑周围无消防水源，无消防水池，缺少消防用水。

3. 消防通道未硬化，雨天路滑，使消防车无法靠近大殿灭火。

4. 大佛殿正面无消防通道，消防人员进攻受阻。

5. 对消防部门提出的整改意见，大佛寺管理所没有采取整改措施，导致扑救火灾时，困难重重。

六、对相关责任人员及单位的处理建议

博物馆馆长兼大佛寺所长王某身为消防安全责任人，对消防安全工作指导不力，不积极整改火灾隐患，导致火灾发生后，无消防水源取用，无消防通道可利用，应负直接领导责任。文体局局长卫某，对下属单位的消防安全工作监督不力，导致下属单位存在严重火灾隐患，应负主要领导责任。根据《山西省消防管理条例》第三十四条第三款、第四十条第三款之规定，对稷山县文体局大佛寺文管所处以2万元罚款，对王某处以

警告，对卫某处以人民币200元整罚款，并建议稷山县纪委给予王某、卫某以党纪处分。

第二节　黄岛油库“8·12”特大火灾事故调查情况

1989年8月12日9时55分，石油天然气总公司管道局胜利输油公司黄岛油库老罐区，2.3万m^3原油储量的 5号混凝土油罐爆炸起火，大火前后共燃烧104个小时，烧掉原油4万多m^3，占地250亩的老罐区和生产区的设施全部烧毁，这起事故造成直接经济损失 3540万元。在灭火抢险中，10辆消防车被烧毁，19人牺牲，100多人受伤。其中公安消防人员牺牲 14人，负伤 85 人。

一、基本情况

黄岛油库区始建于1973年，胜利油田开采出的原油经东（营）黄（岛）长输管线输送到黄岛油库后，由青岛港务局油码头装船运往各地。黄岛油库原油储存能力76万m^3，成品油储存能力约6万m^3，是我国三大海港输油专用码头之一。

二、事故经过

8月12日9时55分，2.3万m^3原油储量的5号混凝土油罐突然爆炸起火。到下午2时35分，青岛地区西北风，风力增至4级以上，几百米高的火焰向东南方向倾斜。燃烧了4个多小时，5号罐里的原油随着轻油馏分的蒸发燃烧，形成速度大约1.5m/h、温度为150℃~300℃的热波向油层下部传递。当热波传至油罐底部的水层时，罐底部的积水、原油中的乳化水以及灭火时泡沫中的水汽化，使原油猛烈沸溢，喷向空中，撒落四周地面。下午3时左右，喷溅的油火点燃了位于东南方向相距5号油罐37m处的另一座相同结构的4号油罐顶部的泄漏油气层，引起爆炸。炸飞的4号罐顶混凝土碎块将相邻30m处的1号、2号和3号金属油罐顶部震裂，造成油气外漏。约一分钟后，5号罐喷溅的油火又先后点燃了3号、2号和1号油罐的外漏油气，引起爆燃，整个老罐区陷入一片火海。失控的外溢原油像火山喷发出的岩浆，在地面上四处流淌。大火分成三股：一部分油火翻过5号罐北侧1m高的矮墙，进入储油规模为30万m^3全套引进日本工艺装备的新罐区的1号、2号、6号浮顶式金属罐的四周。烈焰和浓烟烧黑3号罐壁，其中2号罐壁隔热钢板很快被烧红。另一部分油火沿着地下管沟流淌，汇同输油管网外溢原油形成地下火网。还有一部分油火向北，从生产区的消防泵房一直烧到车库、化验室和锅炉房，向东从变电站一直引烧到装船泵房、计量站、加热炉。火海席卷着整个生产区，东路、北路的两路油火汇合成一路，烧过油库1号大门，沿着新港公路向位于低处的黄岛油港烧去。大火殃及青岛化工进出口黄岛分公司、航务二公司四处、黄岛商检局、管道局仓库和建港指挥部仓库等单位。18时左右，部分外溢原油沿着地面管沟、低洼路面流入胶州湾。大约600t油水在胶州湾海面形成几条十几海里长、几百米宽的污染带，造成胶州湾有史以来最严重的海洋污染。

三、抢险救灾

事故发生后，社会各界积极行动起来，全力投入抢险灭火的战斗。在大火迅速蔓延的关键时刻，党中央和国务院对这起震惊全国的特大恶性事故给予了极大关注。江泽民总书记先后3次打电话向青岛市人民政府询问灾情。李鹏总理于13日11时乘飞机赶赴青岛，亲临火灾现场视察指导救灾。李鹏总理指出："要千方百计把火情控制住，一定要防止大火蔓延，确保整个油港的安全。"

山东省和青岛市的负责同志及时赶赴火灾现场进行

了正确的指挥。青岛市全力投入灭火战斗，党政军民1万余人全力以赴抢险救灾，山东省各地市、胜利油田、齐鲁石化公司的公安消防部门，青岛市公安消防支队及部分企业消防队，共出动消防车147辆、消防人员1000多人。黄岛区组织了几千人的抢救突击队，出动各种船只10艘。

在国务院的统一组织下，全国各地紧急调运了15t泡沫灭火液及干粉。北海舰队也派出消防救生船和水上飞机、直升机参与灭火，抢运伤员。

经过5天5夜的浴血奋战，13日11时火势得到控制，14日19时大火扑灭，16日18时油区内的残火、地沟暗火全部熄灭，黄岛灭火取得了决定性的胜利。

在与火魔搏斗中，灭火人员团结战斗，勇往直前，经受住浓烟烈火的考验，涌现出许许多多可歌可泣的英雄人物。他们用生命和鲜血保卫了国家和人民生命财产的安全，表现了大无畏的英雄主义精神和满腔的爱祖国、爱人民的热情。

四、事故原因及分析

黄岛油库特大火灾事故的直接原因是：由于非金属油罐本身存在的缺陷，遭受对地雷击产生感应火花而引爆油气。

事故发生后，4号、5号两座半地下混凝土石壁油罐烧塌，1号、2号、3号拱顶金属油罐烧塌，给现场勘察、分析事故原因带来很大困难。在排除人为破坏、明火作业、静电引爆等因素和实测避雷针接地良好的基础上，根据当时的气象情况和有关人员的证词（当时，青岛地区为雷雨天气），经过深入调查和科学论证，事故原因的焦点集中在雷击的形式上。混凝土油罐遭受雷击引爆的形式主要有六种：一是球雷雷击，二是直击避雷针感应电压产生火花，三是雷电直接燃爆油气，四是空中雷放电引起感应电压产生火花，五是绕击雷绕击，六是罐区周围对地雷击感应电压产生火花。

经过对以上雷击形式的勘察取证、综合分析，5号油罐爆炸起火的原因，排除了前四种雷击形式。第五种雷击形成可能性极小，理由是：绕击雷绕击率在平地是0.4%，山地是1%，概率很小；绕击雷的特征是小雷绕击，避雷针越高绕击的可能性越大。当时青岛地区的雷电强度属中等强度，5号罐的避雷针高度为30m，属较低的，故绕击的可能性不大。经现场发掘和清查，罐体上未找到雷击痕迹，因此绕击雷也可以排除。

事故原因极大可能是由于该库区遭受对地雷击产生感应火花而引爆油气。根据是：

1. 8月12日9时55分左右，有6人从不同地点目击，5号油罐起火前，在该区域有对地雷击。

2. 中国科学院空间中心测得，当时该地区曾有过两三次落地雷，最大一次电流104A。

3. 5号油罐的罐体结构及罐顶设施随着使用年限的延长，预制板裂缝和保护层脱落，使钢筋外露。罐顶部防感应雷屏蔽网连接处均用铁卡压固。油品取样孔采用九层铁丝网覆盖。5号罐体中钢筋及金属部件的电气连接不可靠的地方颇多，均有因感应电压而产生火花放电的可能性。

4. 根据电气原理，50m~60m以外的天空或地面雷感应，可使电气设施100m~200mm的间隙放电。从5号油罐的金属间隙看，在周围几百米内有对地雷击时，只要有几百伏的感应电压就可以产生火花放电。

5. 5号油罐自8月12日凌晨2时起到9时55分起火时，一直在进油，共输入1.5万m^3原油。与此同时，必然向罐顶周围排放同等体积的油气，使罐外顶部形成一层达到爆炸极限范围的油气层。此外，根据油气分层原理，罐内大部分空间的油气虽处于爆炸上限，但由于油气分布不均匀，通气孔及罐体裂缝处的油气浓度较低，仍处于爆炸极限范围。

除上述直接原因之外，要从更深层次分析事故原因，吸取事故教训，防患于未然。

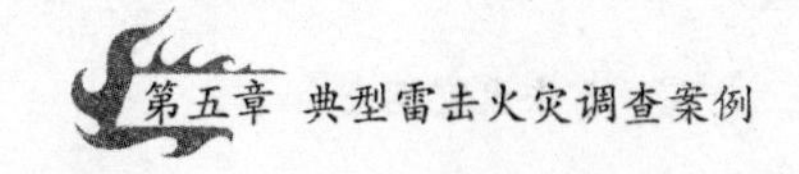

1. 黄岛油库区储油规模过大，生产布局不合理。黄岛面积仅5.33km^2，却有黄岛油库和青岛港务局油港两家油库区分布在不到1.5km^2的坡地上。早在1975年就形成了34.1万m^3的储油规模。但1983年以来，国家有关部门先后下达指标和投资，使黄岛储油规模达到出事前的76万m^3，从而形成油库区相连、罐群密集的布局。黄岛油库老罐区5座油罐建在半山坡上，输油生产区建在近邻的山脚下。这种设计只考虑利用自然高度差输油节省电力，而忽视了消防安全要求，影响对油罐的观察巡视。而且一旦发生爆炸火灾，首先殃及生产区，必遭灭顶之灾。这不仅给黄岛油库区的自身安全留下长期隐患，还对胶州湾的安全构成了永久性的威胁。

2. 混凝土油罐先天不足，固有缺陷不易整改。黄岛油库4号、5号混凝土油罐始建于1973年。当时我国缺乏钢材，是在战备思想指导下，边设计、边施工、边投产的产物。这种混凝土油罐内部钢筋错综复杂，透光孔、油气呼吸孔、消防管线等金属部件布满罐顶。在使用一定年限以后，混凝土保护层脱落，钢筋外露，在钢筋的捆绑处、间断处易受雷电感应，极易产生放电火花，如遇周围油气在爆炸极限内，则会引起爆炸。混凝土油罐体极不严密，随着使用年限的延长，罐顶预制板产生裂缝，形成纵横交错的油气外泄孔隙。混凝土油罐多为常压油罐，罐顶因受承压能力的限制，需设通气孔泄压，通气孔直通大气，在罐顶周围经常散发油气，形成油气层，是一种潜在的危险因素。

3. 混凝土油罐只重储油功能，大多数因陋就简，忽视消防安全和防雷避雷设计，安全系数低，极易遭雷击。1985年7月15日，黄岛油库4号混凝土油罐遭雷击起火后，为了吸取教训，分别在4号、5号混凝土油罐四周各架了4座30m高的避雷针，罐顶部装设了防感应雷屏蔽网，因油罐正处在使用状态，网格连接处无法进行焊接，均用铁卡压接。这次勘察发现，大多数压固点锈蚀严重。经测量一个大火烧过的压固点，电阻值高达1.56Ω，远远大于0.03Ω的规定值。

4. 消防设计错误，设施落后，力量不足，管理工作跟不上。黄岛油库是消防重点保卫单位，实施了以油罐上装设固定式消防设施为主，2辆泡沫消防车、1辆水罐消防车为辅的消防备战体系。5号混凝土油罐的消防系统，为1台每小时流量900t、压力8kg的泡沫泵和装在罐顶上的4排共计20个泡沫自动发生器。这次事故发生时，油库消防队冲到罐边，用了不到10分钟，刚刚爆燃的原油火势不大，淡蓝色的火焰在油面上跳跃，这是及时组织灭火施救的好时机。然而装设在罐顶上的消防设施因平时检查维护困难，不能定期做性能喷射试验，事到临

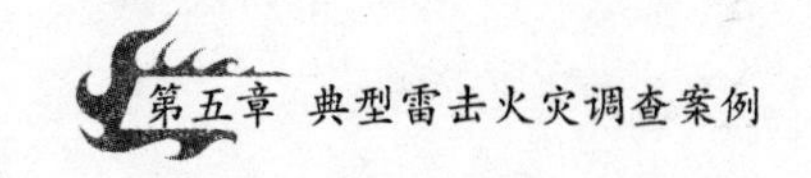

头时不能使用。油库自身的泡沫消防车救急不救火，开上去的1辆泡沫消防车面对不太大的火势，也是杯水车薪，无济于事。库区油罐间的消防通道是路面狭窄、坎坷不平的山坡道，且为无环形道路，消防车没有掉头回旋余地，阻碍了集中优势使用消防车抢险灭火的可能性。油库原有35名消防人员，其中24人为农民临时合同工，由于缺乏必要的培训，技术素质差。7月12日有12人自行离库返乡，致使油库消防人员严重缺编。

5. 油库安全生产管理存在不少漏洞。自1975年以来，该库已发生雷击、跑油、着火事故多起，幸亏发现及时，才未酿成严重后果。原石油部1988年3月5日发布了《石油与天然气钻井、开发、储运防火防爆安全管理规定》，而黄岛油库上级主管单位胜利输油公司安全科没有将该规定下发给黄岛油库。这次事故发生前的几小时雷雨期间，油库一直在输油，外泄的油气加剧了雷击起火的危险性。油库1号、2号、3号金属油罐设计时，是5000m^3，而在施工阶段，仅凭胜利油田一位领导的个人意志，就在原设计罐址上改建成10000m^{3}的罐。这样，实际罐间距只有11.3m，远远小于安全防火规定间距33m。青岛市公安局十几年来曾4次下达火险隐患通知书，要求限期整改，停用中间的2号罐。但直到这次事故发生时，始终没有停用2号罐。此外，对职工要求不严格，工人劳动纪律松弛，违纪现象时有发生。8月12日上午雷雨时，值班消防人员无人在岗位上巡查，而是在室内打扑克、看电视。事故发生时，自救能力差，配合协助公安机关消防机构灭火不得力。

五、吸取事故教训，采取防范措施

对于这起特大火灾事故，李鹏总理指示："需要认真总结经验教训，要实事求是，举一反三，以这次事故作为改进油库区安全生产的可以借鉴的反面教材。"应从以下几方面采取措施：

1. 各类油品企业及其上级部门必须认真贯彻"安全第一，预防为主"的方针，各级领导在指导思想上、工作安排上和资金使用上要把防雷、防爆、防火工作放在头等重要位置，要建立健全针对性强、防范措施可行、确实解决问题的规章制度。

2. 对油品储、运建设工程项目进行决策时，应当对包括社会环境、安全消防在内的各种因素进行全面论证和评价，要坚决实行安全、卫生设施与主体工程同时设计、同时施工、同时投产的制度，切不可只顾生产，不要安全。

3. 充实和完善《石油设计规范》和《石油天然气钻井、开发、储运防火防爆安全管理规定》，严格保证工程质量，把隐患消灭在投产之前。

4. 逐步淘汰非金属油罐，今后不再建造此类油罐。对尚在使用的非金属油罐，研究和采取较可靠的防范措施。提高对感应雷电的屏蔽能力，减少油气泄漏。同时，组织力量对其进行技术鉴定，明确规定大修周期和报废年限，划分危险等级，分期分批停用报废。

5. 研究改进现有油库区防雷、防火、防地震、防污染系统；采用新技术、高技术，建立自动检测报警联防网络，提高油库自防自救能力。

六、人员处理情况

中国石油天然气总公司管道局局长吕某给予记大过处分，管道局所属胜利输油公司经理楚某给予记大过处分，管道局所属胜利输油公司安全监察科科长孙某给予警告处分。

管道局所属胜利输油公司副经理兼黄岛油库主任张某，对安全工作负有重要责任，考虑他在灭火抢险中，能奋不顾身，负伤后仍坚持指挥，积极组织恢复生产工作，可免予处分，但应做出深刻检查。

第三节　中储棉侯马代储库“7·1”火灾事故调查情况

2013年7月1日18时左右，中储棉侯马代储库，即山西省棉麻公司侯马采购供应站（以下简称侯马采购供应站）露天储存的棉垛遭雷击引发火灾，造成直接经济损失4838.73万元，无人员伤亡。

火灾发生后，国务委员、国家减灾委主任王勇，国家安监总局局长杨栋梁，省委书记袁纯清，省长李小鹏等领导分别做出重要批示；省长助理、省公安厅厅长刘杰立即赶赴火灾现场指导协调抢险救援工作。经过各方全力扑救，7月4日12时许，大火被完全扑灭。

7月6日，按照省政府的方案，成立了由省公安厅、省安监局、省监察厅、省消防总队、省气象局、省总工会、省供销社及临汾市人民政府有关人员参加的调查组，邀请山西省人民检察院派员参加。调查组邀请了公安部消防局、中国气象科学研究院、上海市防雷中心、南京信息工程大学等单位从事火灾调查、气象等方面的专家协助调查，并委托公安部消防局天津火灾物证鉴定中心进行了技术鉴定。

调查组按照实事求是、尊重事实、依法进行的原则，通过现场勘察、检验测试、技术鉴定、调查取证、综合分析，查明了火灾事故发生的经过、直接原因和间接原因、财产损失等情况，认定了事故性质，并对相关责任人员和单位提出了处理建议。针对事故原因及暴露出的问题，提出了防范措施建议。

一、基本情况

(一) 事故单位基本情况

侯马采购供应站成立于1949年末，隶属于山西省供销合作社联合社下属的山西省棉麻公司，位于侯马市晋生巷北二胡同（侯马火车站西侧），占地180余亩，为集体所有制企业。现有在册职工62名（在岗18名），雇佣临时人员24名，经理1名，副经理3名。主要经营棉、麻、棉布、纺织原料的收购、调拨、储存、转运业务，自负盈亏，注册资金1500万元，法人代表王涛。企业营业执照号为：141081000004749，有效期至2015年6月24日；组织机构代码证号：11315271-3，有效期至2015年6

月24日。

2008年11月，侯马采购供应站经中储棉验收后，同意作为中储棉代储库，并由中储棉泾阳直属库进行安全监管。同年12月，侯马采购供应站开始接受收储任务。2010年10月，该站所存储的储备棉全部出库完毕，与中储棉储备合同也相应终止。2011年8月，侯马采购供应站再次向中储棉申请国家储备棉代储库资格。同年12月22日双方签订了《国家储备棉仓储合同》，侯马采购供应站再次成为中储棉代储库，并由中储棉泾阳直属库进行安全监管，同年12月底开始接受中储棉收储任务。

（二）库区分布及防雷设施情况

1. 库区分布情况。侯马采购供应站库区沿西北—东南方向呈方形布置，一条600m长的铁路专用线从中间穿过，建有大型标准化仓库21座，露天水泥垛台46个，事故发生前共存储棉花38853.8208t，其中仓储20680.5633t，露天存储18173.2575t。

铁路专用线北侧分东、西两排设8座砖混结构仓库（西排由北向南依次编号为1号、3号、5号、7号仓库，东排由北向南依次编号为2号、4号、6号、8号仓库），每座约1000m^2；在7号、8号仓库南侧从西向东设一区、二区2个露天堆垛区共20个水泥垛台（每区各10个）；在东排仓库东侧由北向南设三区、四区、五区、六区4个露天堆垛区共23个水泥垛台（其中三区6个、四区7个、五区4个、六区6个），共有水泥垛台43个。以上区域为此次火灾着火区。

铁路专用线南侧设有2座彩钢板仓库（编号为9号、10号仓库）、2座露天堆垛（编号为露2垛、露3垛）、8座砖木结构仓库（每座550m²）；露天堆垛区东南角东墙外设1座露天堆垛（编号为露1垛）、3座砖木结构仓库（编号为东1号、东2号、东4号仓库）。

2. 防雷设施情况。1~8号仓库房顶均安装了接闪带，每座仓库有5根引下线；7号、8号仓库的南侧安装了6个接闪针，高度15m；东侧围墙外安装了4个接闪针，高度18m。经临汾市防雷减灾管理中心检测，1~8号仓库房顶的防雷装置符合《建筑物防雷设计规范》的要求，但现有的接闪针无法对露天堆垛区完全保护。

二、火灾发生经过和应急救援情况

2013年7月1日17时50分左右，侯马采购供应站装卸工续保平带领工人正在露天堆垛三区6垛装车，突然电闪雷鸣，风雨交加，他们就近避雨，18时07分左右，听见剧烈的打雷声，随即六区5垛棉垛顶部起火。续保平立刻电话报告了业务科科长张某，同时工人续连国也摇响了警报器。张某接到电话后，18时07分向119报了火警。经理王某、副经理张某、保卫科科长李某接到警报后，立刻组织本单位的消防队及职工赶到现场，看到六区5垛顶部已经大面积开裂燃烧，立即启动消防预案，安排消防人员开启高压泵，消防车、消火栓全部出水进行扑火，大约10分钟火势蔓延至六区4垛。

侯马市消防中队接到市110指挥中心指令后，立即出动1辆泡沫车、2辆8t水灌车、1辆高喷车共计4辆消防车，于18时26分到达现场，进行灭火，控制火势，同时向临汾市消防支队进行报告，请求增援。19时20分许，临汾市消防支队紧急调派的全市19个县（市）消防大（中）队的29辆消防车、190名指战员陆续到达现场，迅速对火势进行控制，并组织人力和机械对其余堆垛进行隔离，阻止火势向周边民房蔓延。但火借风势，迅速向北蔓延，燃烧的堆垛开始倒塌，不得不放弃隔离措施，救援工作重点迅速转向保护库房，同时，向省消防总队汇报，请求增援。省消防总队接到增援请求后，立即调派运城、晋城、太原、吕梁等邻近支队赶赴救援，省消防总队政委孟应新连夜赶赴现场，指挥协调现场救援。截至7月2日凌晨4时15分，运城、晋城、太原、吕梁增援的23辆消防车、124名指战员陆续到达现场开展救援。

临汾市委书记罗清宇、市长岳普煜及侯马市委、市政府主要领导接到火情报告后，立即带领有关人员赶到事发现场指挥抢险救援，成立了现场指挥部，并立即启动了应急响应，组织临汾市、侯马市机关干部、政法干警、企业人员1000多人全力开展扑救，各联动力量在政府的统一领导下，协助维持火灾现场秩序和保障供水线路，及时调度铲车、挖掘机、沙石等物资到场，确保了战斗行动的顺利开展，并对火灾现场周边的480户、1500多名居民进行了疏散。

火灾发生后，国务院、国家安监总局和山西省委、省政府领导非常重视，分别做出重要批示，省长助理、省公安厅厅长刘杰也在第一时间赶到现场，传达领导的重要指示精神，成立了省级火灾救援指挥部，并亲自担任总指挥。指挥部根据现场实际情况，制定了新的救援方案，在水罐车、泡沫车、高喷车继续作业的基础上，又火速调动6辆泵车、70余辆水泥罐车，采用以水泥砂浆覆盖为主的方法进行扑救。在着火库区，利用水泥泵车向2号、4号、6号、7号、8号仓库覆盖混凝土遏制火势发展；在露天堆垛区，利用高喷车压制火势，挖掘机逐垛分解，用水枪逐片打压明火，并用黄土掩埋窒息灭火等措施，对大火进行全面扑救。7月3日8时许，现场火势已完全得到控制；7月4日12时许，大火被完全扑灭。至此，库区内露天堆垛一区至六区全部过火，经过全力扑救，1号、3号、4号、5号仓库被成功保护，但2

号、6号、7号、8号仓库过火坍塌，其他仓库和露天堆垛未过火。

此次火灾事故过火面积12490.3m^2，未造成人员伤亡。

三、现场勘查和技术检测鉴定及直接经济损失统计

（一）现场勘查情况

经初步勘查，库区内露天堆垛一区至六区全部过火，因灭火需要已全部掩埋；2号、6号、7号、8号仓库烧毁。

经细项勘查，露天堆垛六区由北向南依次编号为六区1垛、六区2垛、六区3垛、六区4垛、六区5垛、六区6垛。六区6垛东墙外、东1号仓库西侧的避雷针顶端未见电熔痕。六区4垛、六区5垛、六区6垛为水泥基座（均为26.5m×7.3m，基座间距为5.5m），基座上铺钢筋混凝土枕木（以下简称枕木）。

六区6垛北侧外露枕木基本完好，上部过火，有烟熏痕迹；枕木上部棉花包成形，表层过火。六区5垛南侧外露枕木损坏程度、棉花包的被烧程度由西向东逐渐减轻，整体受损程度均重于六区6垛北侧。六区5垛西沿

向东4.5m范围内枕木移位。六区5垛西沿向东4.3m~5.0m范围内紧贴枕木的棉花黑白相间，没有炭化结块痕迹。六区5垛南部西沿向东2.7m~4.5m范围内的水泥基座立面呈现爆裂痕迹；4.1m~ 4.3m范围内的枕木与水泥基座熔结在一起；4.1m~4.3m范围内水泥基座立面附着火烧后的棉花残骸；3.5m~4.0m范围内的枕木铁丝裸露，部分铁丝严重氧化变细，其中两根铁丝熔结在一起。六区5垛西侧中部第一、第二根枕木酥裂破碎呈块状，钢筋裸露。六区5垛西侧北部枕木南端表层脱落，少量钢筋裸露；北端表层少量脱落，受损程度轻于南端，有烟熏痕迹。六区5垛北侧外露枕木损坏程度、棉花包的被烧程度由西向东逐渐减轻，整体受损程度均重于六区4垛南侧。六区4垛南部枕木有烟熏痕迹，少量烧失，北部基本完好。

以上痕迹呈现六区5垛受损程度重于六区4垛和六区6垛。六区5垛西部受损程度重于东部。

（二）技术检测鉴定情况

1. 委托有关单位技术鉴定情况。在现场勘查和分析的基础上，调查组委托公安部消防局天津火灾物证鉴定中心对起火部位处的土壤、烟尘是否含有助燃剂成分进行技术鉴定。7月9日，公安部消防局天津火灾物证鉴定中心出具了技术鉴定报告，编号2013478 。

检测结果为：六区5垛西侧和南侧、六区5垛北侧地面土壤和烟尘样品未检出汽油、煤油、柴油和油漆稀释剂成分。

2. 现场测量剩磁情况。经使用SCY-04型剩磁测试仪对相关点位进行了剩磁测量。其中，六区6垛北侧西沿向东7.4m处枕木裸露钢筋剩磁值为1.3mT。六区5垛南侧西沿向东4.3m、5.2m、9.1m处枕木裸露钢筋剩磁值分别为3.0mT、2.3mT、1.7mT；西沿向东2.7m~3.4m、南沿向北2.9m~5.7m范围内枕木裸露钢筋剩磁值为4.3mT；北侧西沿向东21.2m处枕木裸露钢筋剩磁值为1.7mT。六区4垛南侧西沿向东1.7m处枕木裸露钢筋剩磁值为2.2mT，六区4垛东侧枕木裸露钢筋剩磁值为0.8mT。六区3垛东端枕木裸露钢筋剩磁值为0.5mT。六区2垛东端枕木裸露钢筋剩磁值为0.2mT。六区东侧围墙内3处照明灯杆顶端剩磁值由南向北分别为1.1mT、1.1mT、1.2mT。剩磁测试点位见下图：

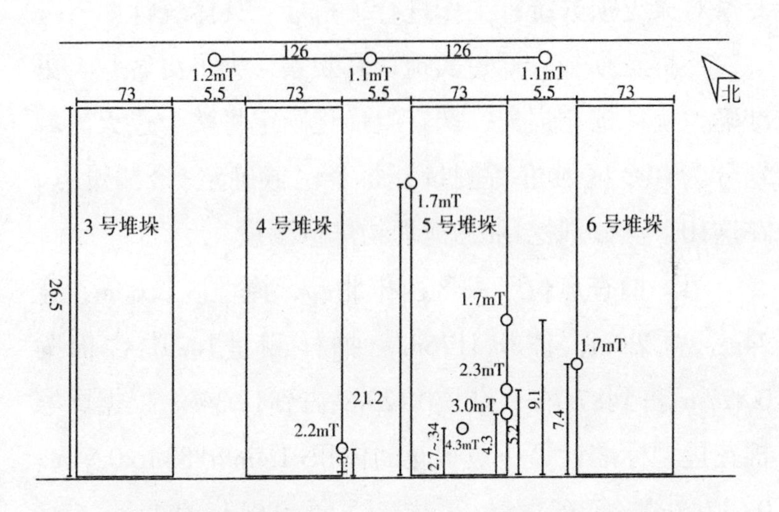

测量结果显示：六区5垛西沿向东2.7m~4.5m范围内有大电流通过。

3. 现场混凝土中性化测试。经使用1%酚酞酒精溶液对六区5垛西沿向东2.7m~4.5m范围内的枕木碎块进行中性化测试发现：中部混凝土碎块呈粉红色，北部、南部碎块颜色基本无变化，局部呈浅粉色。

测试结果显示：六区5垛西沿向东2.7m~4.5m范围内的枕木碎块出现中性化变化。

（三）火灾直接经济损失统计

鉴于国内目前对棉花仓库火灾的损失统计尚未有统一的测量计算方法，调查组借鉴其他省、市类似火灾损失的评估方法，并专门聘请了北京、陕西等地有经验的专家对火灾损失统计工作进行了指导。具体统计如下：

1. 棉花损失。通过实地认真观察，为了更客观、更准确地统计棉花损失，调查组最终确定将整个过火区域划分为10个区域进行测量，每个区域确定1个测量点，在这10个点分别挖$1m^3$的掩埋物进行测量。

第一抽查点位于一区西排北部，掩埋区长60m，宽24m，高2.9m，体积$4176m^3$。抽样测量$1m^3$中含棉为$0.877m^3$,占到87.7%；杂质$0.123m^3$,占到12.3%。根据国家棉花包型标准计算一包棉花的体积=1.4m×0.83m×0.54m=$0.62748m^3$。每车186包，共43t，每包棉花的重量=43t×1000kg/t ÷186 包 =231.18kg/包，$1m^3$ 棉花的重量=231.18kg÷$0.62748m^3$=368.426kg/m^3。该抽查点$1m^3$含棉净重量=368.426kg/m^3×87.7%=323.11kg/m^3。第一测量区域含棉总净重量=323.11kg/m^3×$4176m^3$=1349.31t。通过以上方法对10个测量点测量计算，整个掩埋区的棉花净重量为13202.98t。

此次火灾事故过火区域中共储棉24000t，火灾扑救过程中保住4座仓库棉花共计7600t，火灾扑救过程中紧急转移646.8999t，经测量计算掩埋区棉花共计13202.98t，损失棉花2550.1201t。目前棉花价格指数19300元/t，因代储库储存棉花为四级，且是旧棉，价格需降两级按18000元/t计算，此次火灾事故棉花损失金额为4590.22万元。

2. 税金损失。2011年棉花收购价格19800元/t，2012年棉花收购价格20400元/t，现在出库拍卖价格18000元/t左右，无增值部分，故无增值税。

3. 保管费损失。保管费每年每吨100元，计算6个月损失。保管费损失=100元/t×2550t÷12月×6月=12.75万元。

4. 运输费损失。运输费按500元/t计算损失，运输费损失=500元/t×2550t=127.5万元。

5. 房屋损失。此次火灾事故共烧毁仓库4座。按照《中华人民共和国公共安全行业标准GA185-1998〈火灾直接财产损失统计方法〉》中4.4之规定："房屋、构筑物及设备类财产的使用时间达到或超过规定折旧年限80%，但仍有使用价值的，其财产损失按下式计算：损失额（元）=重置价值（元）×20%×烧损率（%）。"重置价值=失火时该类房屋、构筑物工程造价（元/m^2）×受灾房屋、构筑物建筑面积。根据侯马市欣达房产评估事务所出具的证明材料，"棉麻的棉库现在的全新重置价在1150元/m^3~1250元/m^3之间"。取上限值1250元/m^3计算，4座仓库的损失=1250元/m^2×54.5m×18.25m×4×20%×100%=99.46万元。

6. 苫布损失。根据《中华人民共和国公共安全行业标准GA185-1998〈火灾直接财产损失统计方法〉》中4.5.3之规定："低值易耗品财产损失计算，按烧毁前财产总量价值的20%计算。"露天堆垛共44垛,每垛10块苫布,重新购置1000元/块,共计44万元。苫布损失=440000元×20%=8.8万元。

综上所述，此次火灾事故直接经济损失为4838.73万元。

四、火灾原因和性质

（一）直接原因

经调查，认定此次火灾的直接原因是强地闪引发棉垛起火，起火部位在六区5垛西部。理由如下：

1. 气象部门认定，侯马采购供应站在7月1日17时46分至18时12分之间出现了强地闪。经调查，着火前现场在场人员李法林、续保平、续志平等均反映着火时间在7月1日18时左右；侯马市公安局指挥中心（110）接警处记录证实，2013年7月1日18时11分接到侯马采购供应站着火的第一个报警电话，与强地闪出现的时间接近。

2. 根据证人证言、图片资料，此起火灾具有明火燃烧起火特征。

3. 根据证人证言、图片资料、现场勘查、混凝土中性化测试，此起火灾起火部位在六区5垛西部。

4. 六区5垛西沿向东2.7m~4.5m范围内的枕木、棉花燃烧和破坏痕迹明显，所处位置与起火部位吻合。

5. 六区5垛西沿向东2.7m~4.5m范围内剩磁值较大，由此区域向外逐渐减弱。

6. 排除了纵火、电气线路故障、遗留火种、自燃等其他可能因素。

(二) 间接原因

1. 地表温度较高，相对湿度较大，容易引发雷电。

2. 火灾发生时，风速较大，导致火势迅速蔓延扩大。

3. 侯马采购供应站防雷电安全意识淡薄，对安全隐患未及时整改。2013年3月、5月和6月份，中储棉泾阳直属库先后3次对侯马采购供应站进行安全检查，要求对库区避雷设施进行全面评估、检测或直接进行改造，以确保全面覆盖，及时消除安全隐患。5月3日，临汾市防雷减灾管理中心与侯马市气象局工作人员对该站防雷设施进行了检测，认为接闪针与露天棉垛的安全距离不够，不能确保全面覆盖露天棉垛，存在安全隐患。侯马采购供应站也进行了积极工作，但对该隐患重视程度不够，直到事故发生当日侯马采购供应站仍未对防雷设施进行改造安装和风险评估。

4. 山西省棉麻公司对防雷安全工作监管不到位。2013年上半年山西省棉麻公司虽然先后3次对侯马采购供应站进行安全检查，但未按《棉花加工厂消防安全管理暂行规定》中关于露天堆场之间防火距离的相关规定进行认真检查。在3月23日的检查中，虽然提出了“对库区的避雷设施进行全面检测，确保避雷设施对储存商品的有效覆盖”的要求，但对该站的落实情况没有进行跟踪检查。6月5日山西省供销合作社联合社召开安全生产经营工作会后，山西省棉麻公司未及时贯彻落实，未认真督促下属企业对安全隐患进行全面排查和整改落实。

（三）性质

经调查认定，“7·1”火灾事故是雷电引发的意外灾害事故。

该起火灾事故虽然是由雷电引起的，但也暴露出侯马采购供应站防灾减灾意识淡薄，现场管理方面存在的问题。

五、对相关责任人员及单位的处理建议

1. 王某，男，汉族，担任侯马采购供应站经理。安全意识淡薄，未认真履行职责，对本单位执行《棉花加

工厂消防安全管理暂行规定》的情况检查不到位，在本单位露天堆场防雷设施检测不合格且未进行风险评估、存在安全隐患的情况下，未及时进行整改，对事故发生负有主要领导责任。

建议：给予行政撤职，党内留党察看1年处分。

2. 张某，男，汉族，担任侯马采购供应站副经理，分管安全保卫、消防等工作。未认真履行职责，在本单位露天堆场防雷设施检测不合格且未进行风险评估，存在安全隐患的情况下，未及时进行整改，对本单位执行《棉花加工厂消防安全管理暂行规定》的情况检查不到位，对事故发生负有主要领导责任。

建议：给予行政撤职，党内留党察看1年处分。

3. 李某，男，汉族，担任侯马采购供应站保卫科科长。对本单位露天堆场防雷设施检测不合格且未进行风险评估、存在安全隐患的问题，未认真履行自己的职责，也未严格执行《棉花加工厂消防安全管理暂行规定》中露天堆场之间防火距离为30m的相关规定，对事故发生负有主要责任。

建议：给予行政撤职处分。

4. 张某，男，汉族，担任侯马采购供应站业务科科长。在工作中未严格执行《棉花加工厂消防安全管理暂行规定》中露天堆场之间防火距离为30m的相关规定，对事故发生负有主要责任。

建议：给予行政撤职，党内留党察看1年处分。

5. 尉某，男，汉族，担任山西省棉麻公司业务管理部部长，负责本系统业务和安全管理工作。未认真履行职责，对侯马采购供应站防雷减灾和消防安全工作监管不到位，对事故发生负有重要领导责任。

建议：给予行政记过，党内严重警告处分。

6. 牛某，男，汉族，担任山西省棉麻公司副经理，分管业务管理部等工作。对本系统安全生产管理工作监督检查不够，对侯马采购供应站防雷减灾和消防安全工作督促检查不到位，对事故发生负有重要领导责任。

建议：给予行政记过，党内严重警告处分。

7. 薄某，男，汉族，担任山西省棉麻公司党委书记、山西省棉麻公司安全生产经营大检查领导组副组长。负责本系统安全生产大检查工作方案的部署及实施。在2013年6月5日山西省供销合作社联合社安全生产经营工作会议召开后，未及时督促检点下属企业对安全隐患进行全面排查，对事故发生负有重要领导责任。

建议：给予行政警告，党内警告处分。

8. 李某，男，汉族，担任山西省棉麻公司经理、党委副书记，山西省棉麻公司安全生产经营大检查领导组组长。未及时安排下属企业对安全隐患进行全面排查，对本系统安全生产管理工作督促检查不够，对事故发生负有重要领导责任。

建议：给予行政警告，党内警告处分。

9. 责令山西省供销合作社联合社向省政府做出深刻书面检查。

六、防范措施建议

雷电灾害已经被联合国列为最严重的10种自然灾害之一。近年来，因雷电引发的灾害事故日益频发，为了深刻吸取事故教训，举一反三，切实加强防雷安全工作，减轻因雷击带来的经济损失和人员伤亡，确保人民群众生命财产安全，保障经济社会建设的顺利发展，提出如下措施建议：

1. 要高度重视防雷安全工作，切实履行防雷安全责任。各生产经营单位要切实履行防雷安全的主体责任，把防雷安全管理纳入安全生产管理体系中，定期对防雷设施进行检测，发现存在隐患的，要及时整改，坚决消除隐患，坚决克服麻痹思想和侥幸心理。政府有关监管部门要按照国家法律法规，进一步加强对相关单位落实防雷安全责任的监管，督促相关单位做好防雷安全工作，有效预防雷击灾害的发生。

2. 要加强重点场所的防雷减灾工作。夏秋季节是雷电灾害易发、高发的季节，各相关部门要在此期间加强重点场所、重点时段和重点环节的防雷减灾工作，要加强重要物资储备基地、文物保护单位、人员密集场所及其他重点防范场所的防雷设施安全检查，将防雷安全工作狠抓到位，从根本上避免雷电对人类的伤害。

3. 深入开展防雷安全宣传教育培训工作。要充分利用广播、电视、报纸、互联网等媒体，宣传普及雷电预警和避雷常识；生产经营单位要加强对从业人员的防雷安全教育培训工作，不断提高全民防雷安全意识和技能。

4. 中储棉和侯马采购供应站之间签订了《国家储备棉仓储合同》，双方建立了仓储合同，并且中储棉明确了由泾阳直属库负责侯马采购供应站的安全监管；同时山西省棉麻公司作为侯马采购供应站的上级部门，也负有对下属企业的安全监管责任。建议山西省供销合作社联合社要明确对此类管理模式企业安全生产监管职责的划分，完善监管制度，形成监管合力。

附 录

火灾事故调查规定

(2009年4月30日中华人民共和国公安部令第108号发布，根据2012年7月17日《公安部关于修改〈火灾事故调查规定〉的决定》修订，中华人民共和国公安部令第121号，2012年11月施行)

目 录

第一章 总 则

第一条 为了规范火灾事故调查，保障公安机关消防机构依法履行职责，保护火灾当事人的合法权益，根据《中华人民共和国消防法》，制定本规定。

第二条 公安机关消防机构调查火灾事故，适用本规定。

第三条 火灾事故调查的任务是调查火灾原因，统计火灾损失，依法对火灾事故作出处理，总结火灾教训。

第四条 火灾事故调查应当坚持及时、客观、公正、合法的原则。

任何单位和个人不得妨碍和非法干预火灾事故调查。

第二章　管　辖

第五条　火灾事故调查由县级以上人民政府公安机关主管，并由本级公安机关消防机构实施；尚未设立公安机关消防机构的，由县级人民政府公安机关实施。

公安派出所应当协助公安机关火灾事故调查部门维护火灾现场秩序，保护现场，控制火灾肇事嫌疑人。

铁路、港航、民航公安机关和国有林区的森林公安机关消防机构负责调查其消防监督范围内发生的火灾。

第六条　火灾事故调查由火灾发生地公安机关消防机构按照下列分工进行：

（一）一次火灾死亡十人以上的，重伤二十人以上或者死亡、重伤二十人以上的，受灾五十户以上的，由省、自治区人民政府公安机关消防机构负责组织调查；

（二）一次火灾死亡一人以上的，重伤十人以上的，受灾三十户以上的，由设区的市或者相当于同级的人民政府公安机关消防机构负责组织调查；

（三）一次火灾重伤十人以下或者受灾三十户以下

的，由县级人民政府公安机关消防机构负责调查。

直辖市人民政府公安机关消防机构负责组织调查一次火灾死亡三人以上的，重伤二十人以上或者死亡、重伤二十人以上的，受灾五十户以上的火灾事故，直辖市的区、县级人民政府公安机关消防机构负责调查其他火灾事故。

仅有财产损失的火灾事故调查，由省级人民政府公安机关结合本地实际作出管辖规定，报公安部备案。

第七条 跨行政区域的火灾，由最先起火地的公安机关消防机构按照本规定第六条的分工负责调查，相关行政区域的公安机关消防机构予以协助。

对管辖权发生争议的，报请共同的上一级公安机关消防机构指定管辖。县级人民政府公安机关负责实施的火灾事故调查管辖权发生争议的，由共同的上一级主管公安机关指定。

第八条 上级公安机关消防机构应当对下级公安机关消防机构火灾事故调查工作进行监督和指导。

上级公安机关消防机构认为必要时，可以调查下级公安机关消防机构管辖的火灾。

第九条 公安机关消防机构接到火灾报警，应当及时派员赶赴现场，并指派火灾事故调查人员开展火灾事故调查工作。

第十条 具有下列情形之一的，公安机关消防机构应当立即报告主管公安机关通知具有管辖权的公安机关刑侦部门，公安机关刑侦部门接到通知后应当立即派员赶赴现场参加调查；涉嫌放火罪的，公安机关刑侦部门应当依法立案侦查，公安机关消防机构予以协助：

（一）有人员死亡的火灾；

（二）国家机关、广播电台、电视台、学校、医院、养老院、托儿所、幼儿园、文物保护单位、邮政和通信、交通枢纽等部门和单位发生的社会影响大的火灾；

（三）具有放火嫌疑的火灾。

第十一条 军事设施发生火灾需要公安机关消防机构协助调查的，由省级人民政府公安机关消防机构或者公安部消防局调派火灾事故调查专家协助。

第三章 简易程序

第十二条 同时具有下列情形的火灾，可以适用简易调查程序：

（一）没有人员伤亡的；

（二）直接财产损失轻微的；

（三）当事人对火灾事故事实没有异议的；

（四）没有放火嫌疑的。

前款第二项的具体标准由省级人民政府公安机关确定，报公安部备案。

第十三条 适用简易调查程序的，可以由一名火灾事故调查人员调查，并按照下列程序实施：

（一）表明执法身份，说明调查依据；

（二）调查走访当事人、证人，了解火灾发生过程、火灾烧损的主要物品及建筑物受损等与火灾有关的情况；

（三）查看火灾现场并进行照相或者录像；

（四）告知当事人调查的火灾事故事实，听取当事人的意见，当事人提出的事实、理由或者证据成立的，应当采纳；

（五）当场制作火灾事故简易调查认定书，由火灾事故调查人员、当事人签字或者捺指印后交付当事人。

火灾事故调查人员应当在二日内将火灾事故简易调查认定书报所属公安机关消防机构备案。

第四章　一般程序

第一节　一般规定

第十四条　除依照本规定适用简易调查程序的外，公安机关消防机构对火灾进行调查时，火灾事故调查人员不得少于两人。必要时，可以聘请专家或者专业人员协助调查。

第十五条　公安部和省级人民政府公安机关应当成立火灾事故调查专家组，协助调查复杂、疑难的火灾。专家组的专家协助调查火灾的，应当出具专家意见。

第十六条　火灾发生地的县级公安机关消防机构应当根据火灾现场情况，排除现场险情，保障现场调查人员的安全，并初步划定现场封闭范围，设置警戒标志，禁止无关人员进入现场，控制火灾肇事嫌疑人。

公安机关消防机构应当根据火灾事故调查需要，及时调整现场封闭范围，并在现场勘验结束后及时解除现场封闭。

第十七条 封闭火灾现场的，公安机关消防机构应当在火灾现场对封闭的范围、时间和要求等予以公告。

第十八条 公安机关消防机构应当自接到火灾报警之日起三十日内作出火灾事故认定；情况复杂、疑难的，经上一级公安机关消防机构批准，可以延长三十日。

火灾事故调查中需要进行检验、鉴定的，检验、鉴定时间不计入调查期限。

第二节 现场调查

第十九条 火灾事故调查人员应当根据调查需要，对发现、扑救火灾人员，熟悉起火灾现场所、部位和生产工艺人员，火灾肇事嫌疑人和被侵害人等知情人员进行询问。对火灾肇事嫌疑人可以依法传唤。必要时，可以要求被询问人到火灾现场进行指认。

询问应当制作笔录，由火灾事故调查人员和被询问人签名或者捺指印。被询问人拒绝签名和捺指印的，应当在笔录中注明。

第二十条 勘验火灾现场应当遵循火灾现场勘验规则，采取现场照相或者录像、录音，制作现场勘验笔录和绘制现场图等方法记录现场情况。

对有人员死亡的火灾现场进行勘验的，火灾事故调查人员应当对尸体表面进行观察并记录，对尸体在火灾现场的位置进行调查。

现场勘验笔录应当由火灾事故调查人员、证人或者当事人签名。证人、当事人拒绝签名或者无法签名的，应当在现场勘验笔录上注明。现场图应当由制图人、审核人签字。

第二十一条 现场提取痕迹、物品，应当按照下列程序实施：

（一）量取痕迹、物品的位置、尺寸，并进行照相或者录像；

（二）填写火灾痕迹、物品提取清单，由提取人、证人或者当事人签名；证人、当事人拒绝签名或者无法签名的，应当在清单上注明；

（三）封装痕迹、物品，粘贴标签，标明火灾名称和封装痕迹、物品的名称、编号及其提取时间，由封装人、证人或者当事人签名；证人、当事人拒绝签名或者无法签名的，应当在标签上注明。

提取的痕迹、物品，应当妥善保管。

第二十二条 根据调查需要，经负责火灾事故调查的公安机关消防机构负责人批准，可以进行现场实验。现场实验应当照相或者录像，制作现场实验报告，并由实验人员签字。现场实验报告应当载明下列事项：

（一）实验的目的；

（二）实验时间、环境和地点；

（三）实验使用的仪器或者物品；

（四）实验过程；

（五）实验结果；

（六）其他与现场实验有关的事项。

第三节　检验、鉴定

第二十三条　现场提取的痕迹、物品需要进行专门性技术鉴定的，公安机关消防机构应当委托依法设立的鉴定机构进行，并与鉴定机构约定鉴定期限和鉴定检材的保管期限。

公安机关消防机构可以根据需要委托依法设立的价格鉴证机构对火灾直接财产损失进行鉴定。

第二十四条　有人员死亡的火灾，为了确定死因，公安机关消防机构应当立即通知本级公安机关刑事科学技术部门进行尸体检验。公安机关刑事科学技术部门应当出具尸体检验鉴定文书，确定死亡原因。

第二十五条　卫生行政主管部门许可的医疗机构具有执业资格的医生出具的诊断证明，可以作为公安机关

消防机构认定人身伤害程度的依据。但是，具有下列情形之一的，应当由法医进行伤情鉴定：

（一）受伤程度较重，可能构成重伤的；

（二）火灾受伤人员要求作鉴定的；

（三）当事人对伤害程度有争议的；

（四）其他应当进行鉴定的情形。

第二十六条 对受损单位和个人提供的由价格鉴证机构出具的鉴定意见，公安机关消防机构应当审查下列事项：

（一）鉴证机构、鉴证人是否具有资质、资格；

（二）鉴证机构、鉴证人是否盖章签名；

（三）鉴定意见依据是否充分；

（四）鉴定是否存在其他影响鉴定意见正确性的情形。

对符合规定的，可以作为证据使用；对不符合规定的，不予采信。

第四节　火灾损失统计

第二十七条 受损单位和个人应当于火灾扑灭之日起七日内向火灾发生地的县级公安机关消防机构如实申报火灾直接财产损失，并附有效证明材料。

第二十八条 公安机关消防机构应当根据受损单位和个人的申报、依法设立的价格鉴证机构出具的火灾直接财产损失鉴定意见以及调查核实情况，按照有关规定，对火灾直接经济损失和人员伤亡进行如实统计。

第五节 火灾事故认定

第二十九条 公安机关消防机构应当根据现场勘验、调查询问和有关检验、鉴定意见等调查情况，及时作出起火原因的认定。

第三十条 对起火原因已经查清的，应当认定起火时间、起火部位、起火点和起火原因；对起火原因无法查清的，应当认定起火时间、起火点或者起火部位以及有证据能够排除和不能排除的起火原因。

第三十一条 公安机关消防机构在作出火灾事故认定前，应当召集当事人到场，说明拟认定的起火原因，听取当事人意见；当事人不到场的，应当记录在案。

第三十二条 公安机关消防机构应当制作火灾事故认定书，自作出之日起七日内送达当事人，并告知当事人申请复核的权利。无法送达的，可以在作出火灾事故认定之日起七日内公告送达。公告期为二十日，公告期满即视为送达。

第三十三条 对较大以上的火灾事故或者特殊的火灾事故，公安机关消防机构应当开展消防技术调查，形成消防技术调查报告，逐级上报至省级人民政府公安机关消防机构，重大以上的火灾事故调查报告报公安部消防局备案。调查报告应当包括下列内容：

（一）起火场所概况；

（二）起火经过和火灾扑救情况；

（三）火灾造成的人员伤亡、直接经济损失统计情况；

（四）起火原因和灾害成因分析；

（五）防范措施。

火灾事故等级的确定标准按照公安部的有关规定执行。

第三十四条 公安机关消防机构作出火灾事故认定后，当事人可以申请查阅、复制、摘录火灾事故认定书、现场勘验笔录和检验、鉴定意见，公安机关消防机构应当自接到申请之日起七日内提供，但涉及国家秘密、商业秘密、个人隐私或者移交公安机关其他部门处理的依法不予提供，并说明理由。

第六节 复 核

第三十五条 当事人对火灾事故认定有异议的，可以自火灾事故认定书送达之日起十五日内，向上一级公安机关消防机构提出书面复核申请；对省级人民政府公安机关消防机构作出的火灾事故认定有异议的，向省级人民政府公安机关提出书面复核申请。

复核申请应当载明申请人的基本情况，被申请人的名称，复核请求，申请复核的主要事实、理由和证据，申请人的签名或者盖章，申请复核的日期。

第三十六条 复核机构应当自收到复核申请之日起七日内作出是否受理的决定并书面通知申请人。有下列情形之一的，不予受理：

（一）非火灾当事人提出复核申请的；

（二）超过复核申请期限的；

（三）复核机构维持原火灾事故认定或者直接作出火灾事故复核认定的；

（四）适用简易调查程序作出火灾事故认定的。

公安机关消防机构受理复核申请的，应当书面通知其他当事人，同时通知原认定机构。

第三十七条 原认定机构应当自接到通知之日起十日内，向复核机构作出书面说明，并提交火灾事故调查案卷。

第三十八条 复核机构应当对复核申请和原火灾事故认定进行书面审查，必要时，可以向有关人员进行调查；火灾现场尚存且未被破坏的，可以进行复核勘验。

复核审查期间，复核申请人撤回复核申请的，公安机关消防机构应当终止复核。

第三十九条 复核机构应当自受理复核申请之日起三十日内，作出复核决定，并按照本规定第三十二条规定的时限送达申请人、其他当事人和原认定机构。对需要向有关人员进行调查或者火灾现场复核勘验的，经复核机构负责人批准，复核期限可以延长三十日。

原火灾事故认定主要事实清楚、证据确实充分、程序合法，起火原因认定正确的，复核机构应当维持原火灾事故认定。

原火灾事故认定具有下列情形之一的，复核机构应当直接作出火灾事故复核认定或者责令原认定机构重新作出火灾事故认定，并撤销原认定机构作出的火灾事故认定：

(一) 主要事实不清，或者证据不确实充分的；

(二) 违反法定程序，影响结果公正的；

（三）认定行为存在明显不当，或者起火原因认定错误的；

（四）超越或者滥用职权的。

第四十条 原认定机构接到重新作出火灾事故认定的复核决定后，应当重新调查，在十五日内重新作出火灾事故认定。

复核机构直接作出火灾事故认定和原认定机构重新作出火灾事故认定前，应当向申请人、其他当事人说明重新认定情况；原认定机构重新作出的火灾事故认定书，应当按照本规定第三十二条规定的时限送达当事人，并报复核机构备案。

复核以一次为限。当事人对原认定机构重新作出的火灾事故认定，可以按照本规定第三十五条的规定申请复核。

第五章 火灾事故调查的处理

第四十一条 公安机关消防机构在火灾事故调查过程中，应当根据下列情况分别作出处理：

（一）涉嫌失火罪、消防责任事故罪的，按照《公

安机关办理刑事案件程序规定》立案侦查；涉嫌其他犯罪的，及时移送有关主管部门办理；

（二）涉嫌消防安全违法行为的，按照《公安机关办理行政案件程序规定》调查处理；涉嫌其他违法行为的，及时移送有关主管部门调查处理；

（三）依照有关规定应当给予处分的，移交有关主管部门处理。

对经过调查不属于火灾事故的，公安机关消防机构应当告知当事人处理途径并记录在案。

第四十二条 公安机关消防机构向有关主管部门移送案件的，应当在本级公安机关消防机构负责人批准后的二十四小时内移送，并根据案件需要附下列材料：

（一）案件移送通知书；

（二）案件调查情况；

（三）涉案物品清单；

（四）询问笔录，现场勘验笔录，检验、鉴定意见以及照相、录像、录音等资料；

（五）其他相关材料。

构成放火罪需要移送公安机关刑侦部门处理的，火灾现场应当一并移交。

第四十三条 公安机关其他部门应当自接受公安机关消防机构移送的涉嫌犯罪案件之日起十日内，进行审查并作出决定。依法决定立案的，应当书面通知移送案件的公安机关消防机构；依法不予立案的，应当说明理由，并书面通知移送案件的公安机关消防机构，退回案卷材料。

第四十四条 公安机关消防机构及其工作人员有下列行为之一的，依照有关规定给予责任人员处分；构成犯罪的，依法追究刑事责任：

（一）指使他人错误认定或者故意错误认定起火原因的；

（二）瞒报火灾、火灾直接经济损失、人员伤亡情况的；

（三）利用职务上的便利，索取或者非法收受他人财物的；

（四）其他滥用职权、玩忽职守、徇私舞弊的行为。

第六章 附 则

第四十五条 本规定中下列用语的含义：

（一）“当事人”，是指与火灾发生、蔓延和损失有直接利害关系的单位和个人。

（二）“户”，用于统计居民、村民住宅火灾，按照公安机关登记的家庭户统计。

（三）本规定中十五日以内（含本数）期限的规定是指工作日，不含法定节假日。

（四）本规定所称的“以上”含本数、本级，“以下”不含本数。

第四十六条 火灾事故调查中有关回避、证据、调查取证、鉴定等要求，本规定没有规定的，按照《公安机关办理行政案件程序规定》执行。

第四十七条 执行本规定所需要的法律文书式样，由公安部制定。

第四十八条 本规定自2009年5月1日起施行。1999年3月15日发布施行的《火灾事故调查规定》（公安部令第37号）和2008年3月18日发布施行的《火灾事故调查规定修正案》（公安部令第100号）同时废止。

火灾原因认定暂行规则

（2011年2月14日　公消［2011］43号）

第一章　总　则

第一条　为了规范火灾原因认定行为，依据公安部《火灾事故调查规定》和有关技术标准，制定本规则。

第二条　本规则适用于按照一般程序调查的火灾原因认定，包括认定起火时间、起火部位或者起火点、起火原因和灾害成因。

第三条　火灾原因认定应当遵循依法、客观、公正、科学的原则。

第二章　火灾原因认定的一般要求

第四条 认定火灾原因应当在按照法定程序进行现场勘验、调查询问和必要的检验、鉴定后进行。

作出火灾原因认定前应当完成以下调查工作：

（一）火灾现场已经过动态勘验，拟认定的起火点已经过彻底扒掘和处理，已完成拍摄现场照片、绘制现场图、制作现场勘验笔录；

（二）根据需要已询问火灾第一发现人、第一报警人，最先扑救火灾的人，现场逃生人员，火灾肇事嫌疑人，熟悉起火灾现场所、部位和生产工艺人员，并获取了相应的证据材料；

（三）其他应当进行的调查工作。

对有人员死亡的火灾，依法获取了公安机关刑事科学技术部门出具的尸体检验文书；公安机关消防机构与公安机关刑事侦查部门共同调查的火灾，获取了公安机关刑事侦查部门出具的排除放火嫌疑的结论材料。

第五条 在火灾现场提取或者送检的物证，应当在拟认定的起火点或者起火部位提取。

在拟认定的起火点或者起火部位以外提取物证的，应当在拟认定的起火点或者起火部位周围一定的空间范围内；提取电气线路熔痕物证的，应当与拟认定的起火点或者起火部位电气线路故障点处在同一回路。

第六条 受调派或者聘请参加火灾调查的专家，火灾调查结束后，应当出具专家意见，内容包括对起火原因和现场所见的灾害成因的意见。

第七条 认定为放火嫌疑的火灾，按照有关规定移送公安机关刑事侦查部门调查。

经公安机关刑事侦查部门审查排除放火嫌疑的，公安机关消防机构应当结合火灾调查情况，作出放火嫌疑以外的起火原因认定。

第八条 公安机关消防机构作出起火原因认定前，应当向火灾当事人说明开展火灾调查的方法，拟作出的认定结论的事实、理由和依据，听取当事人的意见并记录在案。

当事人对火灾原因认定有异议的，火灾调查人员应当解释。当事人提出与火灾调查有关的新的事实、证据或者线索的，公安机关消防机构应当组织调查。

第九条 对火灾损失大、社会影响大或者可能有民事争议的火灾原因认定，公安机关消防机构负责人应当按照《公安机关消防机构法律审核和集体议案工作规范》（公消［2010］385号）组织集体讨论决定。

第十条 《火灾事故认定书》载明的火灾原因应当包括下列内容：

（一）起火原因部分包括起火部位、起火点、有证据证明引起可燃物燃烧、爆炸的引火源和起火物。对起火原因无法查清的，应当写明有证据能够排除的起火原因和不能排除的起火原因，不能排除的起火原因不应多于两个，不得作出起火原因不明的认定。

（二）灾害成因部分主要是查找、分析造成火灾蔓延、失控的主观和客观因素。

第十一条 火灾调查结束后，火灾名称应当体现下列内容：

（一）发生火灾的单位或地址。机关、团体、企业、事业单位用单位公章或者工商登记的名称，城镇居民、农村村民住宅用住宅住址；

（二）发生火灾的日期。具体到月、日，用阿拉伯数字表示，中间用圆点分隔，加双引号；

（三）火灾等级。其中，“一般火灾”表示为“火灾”。

经调查认定为放火嫌疑的火灾，名称中应当体现前款第一项、第二项内容且加上“火灾案件”字样。

第三章　火灾证据与证据审查

第十二条　下列证据材料经过审查判断后可以作为认定火灾原因的根据：

（一）询（讯）问笔录、证人证言、现场指认记录；

（二）录音、视频资料；

（三）现场勘验笔录，现场照片、录像，现场图；

（四）物证鉴定结论；

（五）专家意见；

（六）尸体检验文书；

（七）实物证据；

（八）其他证明火灾原因、灾害成因的证据材料。

火灾现场实验报告和测谎鉴定结论，可以辅助审查、判断证据，但不能作为认定火灾原因的证据。

第十三条　所有证据必须经过审查判断才能作为认定火灾原因的根据。

单个证据的证据能力标准是：

（一）证据的内容必须是对火灾相关客观事物的真

实反映；

（二）每一个具体证据必须与火灾事实有关联；

（三）收集证据的主体和程序必须符合法定要求。

全部证据的证明力标准是：

（一）用于证明火灾事实的各个证据都应当与火灾事实相关联；

（二）全部证据能够证明待证火灾事实；

（三）全部证据应当形成完整的证据链；证据之间没有矛盾，或者虽有矛盾但能够得到合理解释。

第十四条 审查证据应当注意审查下列具体内容：

（一）询问人、被询问人、证人、当事人签名是否符合要求；

（二）询问笔录、现场勘验笔录、现场照片等记录的内容是否与火灾事实有关联、相互印证；

（三）提取视频资料、物证是否符合法定程序；

（四）公安机关刑事科学技术部门出具的尸体检验文书，内容是否齐全、死亡原因是否明确；

（五）公安机关刑事侦查部门出具的排除放火嫌疑的结论是否明确；

（六）其他需要审查判断的内容。

第十五条 对专家提出的火灾原因认定意见，公安机关消防机构应当结合火灾调查情况进行综合分析后决定是否采信。

对火灾物证鉴定结论，应当对作出鉴定结论的鉴定机构资质和鉴定人员资格的合法性进行审查，结合火灾调查情况综合分析后决定是否采信。

对不同鉴定机构作出的不一致的火灾物证鉴定结论，应当比对鉴定使用的仪器设备、鉴定方法、鉴定人员经验等，结合火灾调查情况综合分析后决定是否采信。

第四章　起火时间认定

第十六条 认定起火时间应当根据火灾现场的痕迹特征、燃烧特征、引火源种类、起火物类别、助燃物、引燃和燃烧条件等各种因素综合分析认定。

起火时间用某一时刻加“左右”或者“许”表示，也可以用时间段表示。

第十七条 下列证据材料可以作为认定起火时间的根据：

（一）最先发现烟、火的人提供的时间；

（二）起火部位钟表停摆时间；

（三）用火设施点火时间；

（四）电热设备通电时间；

（五）用电设备、器具出现异常时间；

（六）发生供电异常时间和停电、恢复供电时间；

（七）火灾自动报警系统和生产装置记录的时间；

（八）视频资料显示的时间；

（九）可燃物燃烧速度；

（十）其他记录与起火有关的现象并显示时间的信息。

第五章　起火部位或者起火点认定

第十八条 认定起火部位、起火点应当根据火灾现场痕迹和证人证言，通过综合分析认定。下列证据材料可以作为认定起火部位或者起火点的根据：

（一）物体受热面；

（二）物体被烧轻重程度；

（三）烟熏、燃烧痕迹的指向；

（四）烟熏痕迹和各种燃烧图痕；

（五）炭化、灰化痕迹；

（六）物体倒塌掉落痕迹；

（七）金属变形、变色、熔化痕迹及非金属变色、脱落、熔化痕迹；

（八）尸体的位置、姿势和烧损程度、部位；

（九）证人证言；

（十）火灾自动报警、自动灭火系统和电气保护装置的动作顺序；

（十一）视频监控系统、手机和其他视频资料；

（十二）其他证明起火部位、起火点的信息。

第十九条 运用火灾现场痕迹认定起火部位、起火点，应当综合分析可燃物种类、分布、现场通风情况、火灾扑救、气象条件等对各种痕迹形成的影响。

证人证言应当与火灾现场痕迹证明的信息相互印证。

第六章 起火原因认定

第二十条 认定起火原因应当首先查明起火方式和燃烧特征，是阴燃起火还是明火燃烧，是起火爆炸还是爆炸起火，是否发生轰燃等。

没有认定起火点或者起火部位的，不能认定起火原因。

第二十一条 认定起火源和起火物应当同时具备下列条件：

（一）引火源和起火物在起火点或者起火部位；

（二）引火源足以引燃起火物；

（三）起火部位或者起火点具有火势蔓延条件。

引火源、起火物可以用实物证据直接证明，也可运用实物以外的证据间接证明。

第二十二条 认定起火原因应当列举所有能够引燃起火物的原因，根据调查获取的证据材料逐个加以否定排除，剩余一个不能排除的作为假定唯一的起火原因。

依据调查获取的证据材料，或者针对假定唯一的起火原因深入调查获取的证据材料，运用科学原理和手段进行分析、验证，证明确定的，即为起火原因。

对起火原因事实清楚，运用证据能够直接证明且确实充分的，可以直接认定。

第二十三条 有证据证明同时具有下列情形的，可以认定为电气类起火：

（一）起火时或者起火前的有效时间内，电气线路、电器设备处于通电状态；

（二）电气线路、电器设备存在短路或者发热痕迹；

（三）起火点或者起火部位存在电气线路、电器设备发热点；

（四）电气线路、电器设备发热点或者电气线路短路点电源侧存在能够被引燃的可燃物质；

（五）起火部位或者起火点具有火势蔓延条件。

第二十四条 有证据证明具有下列情形之一的，可以认定为放火嫌疑案件：

（一）现场尸体有非火灾致死特征的；

（二）现场有来源不明的引火源、起火物，或者有迹象表明用于放火的器具、容器、登高工具等物品的；

（三）建筑物门窗、外墙有非施救或者逃生人员所为的破坏、攀爬痕迹的；

（四）起火前物品被翻动、移动或者被盗的；

（五）起火点位置奇特或者非故意不可能造成两个以上起火点的；

（六）监控录像等记录有可疑人员活动的；

（七）同一地区相似火灾重复发生或者都与同一人有关系的；

（八）起火点地面留有来源不明的易燃液体燃烧痕迹的；

（九）起火部位或者起火点未曾存放易燃液体等助

燃剂，火灾发生后检测出其成分的；

（十）其他非人为不可能引起火灾的。

火灾发生前受害人收到恐吓信件、接到恐吓电话，经过线索排查不能排除放火嫌疑的，也可以作为认定放火嫌疑案件的根据。

第二十五条 认定自燃类火灾，起火点或者起火部位应当存有自燃物质，具有生热、蓄热条件和阴燃特征。下列特征可以作为认定自燃起火原因的根据：

（一）起火点处存在足够数量的自燃类物质；

（二）有升温、冒烟、异味等现象出现；

（三）自燃物质有较重的炭化区、炭化或者焦化结块，炭化程度由内向外逐渐减轻；

（四）起火点处物体烟熏痕迹比较浓重。

第二十六条 认定静电起火原因，应当列举所有可能的起火原因并运用证据逐一排除。有证据证明同时具备下列情形并具有轰燃或者爆炸起火特征的，可以认定为静电起火：

（一）具有产生和储存静电的条件；

（二）具有足够的静电电压和放电条件；

（三）放电点周围存在爆炸性混合物；

（四）放电能量足以引燃爆炸性混合物。

第二十七条 认定雷击起火原因，应当有当地、当时的气象资料证明。下列情形可以作为认定雷击起火原因的根据：

（一）气象部门监测的雷击时间与起火时间接近，具有明火燃烧起火特征；

（二）金属、非金属熔痕、燃烧痕或者其他破坏痕迹明显；

（三）金属、非金属熔痕、燃烧痕和其他破坏痕迹所处位置与起火点吻合；

（四）雷击放电通路附近的铁磁性物质被磁化，可以测出较大剩磁。

第二十八条 下列情形可以作为认定为烟蒂、蚊香等无焰火源起火原因的根据：

（一）证人证实起火部位处有人吸烟、使用蚊香等无焰火源，并与起火时间相符；

（二）起火物为纸张、纤维植物等相对疏松物质；

（三）起火点处炭化或者灰化痕迹明显；

（四）有的存在从白色、灰色到黑色的灰化或者炭化过渡区；

（五）其他阴燃特征。

第七章　灾害成因认定

第二十九条 认定灾害成因不受火灾性质、起火原因的限制，与火灾蔓延、损失扩大存在直接因果关系的事实都可以是灾害成因。

第三十条 认定灾害成因应当围绕火灾现场显现的火势发展、蔓延途径和造成人员伤亡、财产损失的情况，根据火灾实际，从火灾控制和火灾扑救方面进行分析：

（一）建筑物、堆垛、罐区等的防火间距，消防车道、公共消防设施、消防水源；

（二）建筑物耐火等级、建筑构件、装饰装修，安全疏散设施、防火分隔设施、防排烟设施、消防通信设施，火灾自动报警系统、自动灭火系统、室内外消防给水系统、通风空调系统，消防电源；

（三）火灾荷载，可燃物品、材料性质；

（四）建筑物开口、未封堵的孔洞情况；

（五）火灾报警、初起火灾扑救和人员疏散情况；

（六）消防队接警、出动、扑救情况；

（七）处置初起火灾的单位员工、社会群众的灭火常识和火灾现场自救逃生能力；

（八）单位消防安全自我管理情况；

（九）其他导致火灾失控、人员伤亡、财产损失的事实。

第三十一条 灾害成因认定后，火灾调查机构应当提出相应的火灾防控建议，为加强和改进建设工程消防设计审核和消防验收、消防监督检查以及修订完善消防技术标准提供参考。

第八章 附 则

第三十二条 本规则下列用语的含义：

（一）起火时间，是根据最早发现可燃物发烟或者发光时间，向前推断认定的时间概数。

（二）起火部位、起火点，是诸多表明火势蔓延方向的痕迹起点的汇聚部位。

（三）起火原因，是指引燃起火物的直接、唯一的原因。

第三十三条 本规则自印发之日起施行。

火灾现场勘验规则

（2009年7月9日　GA839-2009）

1. 范围

本标准规定了火灾现场勘验的术语、定义和技术要求，提出了火灾现场勘验的程序和方法。

本标准适用于公安机关消防机构对火灾现场的勘验工作。

2. 规范性引用文件

下列文件中的条款通过本标准的引用而成为本标准的条款。凡是注日期的引用文件，其随后所有的修改单（不包括勘误的内容）或修订版均不适用于本标准，然而，鼓励根据本标准达成协议的各方研究是否可使用这些文件的最新版本。凡是不注日期的引用文件，其最新版本适用于本标准。

GB/T 5907 消防基本术语　第一部分

GB/T 14107 消防基本术语 第二部分

GB 16840.1 电气火灾原因技术鉴定方法

GB/T 20162 火灾技术鉴定物证提取方法

GA 502-2004 消防监督技术装备配备

3. 术语和定义

GB/T 5907、GB/T 14107、GB 16840.1、GB/T 20162、GA 502-2004确立的,以及下列术语和定义适用于本标准。

3.1 火灾现场勘验 fire scene processing

现场勘验人员依法并运用科学方法和技术手段，对与火灾有关的场所、物品、人身、尸体表面等进行勘验、验证，查找、检验、鉴别和提取物证的活动。

3.2 现场询问 on-scene interrogation

为现场勘验提供勘验重点，印证现场勘验所获取的证据材料所进行的打听、发问。

3.3 现场分析 on-scene analysis

综合现场勘验、现场询问情况，对所获取的证据材

料、调查线索进行筛选、研究、认定的过程。

3.4 **放火案件线索** arson clue

现场勘验、调查询问过程中发现的能够证明放火嫌疑的各种痕迹、物品、迹象、信息等。

4. 技术要求

4.1 一般要求

4.1.1 公安机关消防机构火灾现场勘验装备应符合GA 502-2004中5.2.1.2的相关规定，技术条件应能够满足实际工作的需要，并应处于完好状态。

4.1.2 负责火灾调查管辖的公安机关消防机构接到火灾报警后，应立即派员携带装备赶赴火灾现场，及时开展现场勘验活动。

4.2 现场勘验管辖

4.2.1 火灾现场勘验由负责火灾调查管辖的公安机关消防机构组织实施，火灾当事人及其他有关单位和个人予以配合。

4.2.2 具有下列情形的火灾，公安机关消防机构应立即报告主管公安机关通知具有管辖权的公安机关刑侦部门参加现场勘验：

a）有人员死亡的火灾；

b）国家机关、广播电台、电视台、学校、医院、养老院、托儿所、幼儿园、文物保护单位、邮政和通信、交通枢纽等社会影响大的单位和部门发生的火灾；

c）具有放火嫌疑的火灾。

4.2.3 发现放火案件线索，涉嫌放火罪的，经公安机关消防机构负责人批准，将现场和调查材料一并移交公安机关刑侦部门并协助勘验；确认为治安案件的，移交治安部门。

4.3 现场勘验职责

4.3.1 火灾现场勘验的主要任务是发现、收集与火灾事实有关的证据、调查线索和其他信息，分析火灾发生、发展过程，为火灾认定，办理行政案件、刑事诉讼提供证据。

4.3.2 火灾现场勘验工作主要包括：现场保护、实地勘验、现场询问、物证提取、现场分析、现场处理，根据调查需要进行现场实验。公安机关消防机构勘验火灾现场由现场勘验负责人统一指挥，勘验人员分工合作，落实责任，密切配合。

4.3.3 火灾现场勘验负责人应具有一定的火灾调查经验和组织、协调能力，现场勘验开始前，由负责火灾调查管辖的公安机关消防机构负责人指定。

4.3.4 现场勘验负责人应履行下列职责：

a）组织、指挥、协调现场勘验工作；

b）确定现场保护范围；

c）确定勘验、询问人员分工；

d）决定现场勘验方法和步骤；

e）决定提取火灾物证及检材；

f） 审核、确定现场勘验见证人；

g）组织进行现场分析，提出现场勘验、现场询问重点；

h）审核现场勘验记录、现场询问、现场实验等材料；

i） 决定对现场的处理。

4.3.5现场勘验人员应履行下列职责：

a）按照分工进行现场勘验、现场询问；

b）进行现场照相、录像，绘制现场图；

c）制作现场勘验记录，提取火灾物证及检材；

d）向现场勘验负责人提出现场勘验工作建议；

e）参与现场分析。

4.4 现场保护

4.4.1 火灾现场勘验人员到达现场后应及时对现场

外围进行观察，确定现场保护范围并组织实施保护，必要时通知公安机关有关部门实行现场管制。

4.4.2 凡留有火灾物证的或与火灾有关的其他场所应列入现场保护范围。

4.4.3 封闭火灾现场的，公安机关消防机构应在火灾现场对封闭的范围、时间和要求等予以公告，采用设立警戒线或者封闭现场出入口等方法，禁止无关人员进入。情况特殊确需进入现场的，应经火灾现场勘验负责人批准，并在限定区域内活动。

4.4.4 对位于人员密集地区的火灾现场应进行围挡。

4.4.5 火灾现场勘验负责人应根据勘验需要和进展情况，调整现场保护范围，经勘验不需要继续保护的部分，应及时决定解除封闭并通知火灾当事人。

4.4.6 火灾现场勘验人员应对可能受到自然或者其他外界因素破坏的现场痕迹、物品等采取相应措施进行保护。在火灾现场移动重要物品，应采用照相或者录像等方式先行固定。

4.5 实地勘验

4.5.1 公安机关消防机构勘验火灾现场，勘验人员不应少于二人。勘验现场时，应邀请一至二名与火灾无

关的公民作见证人或者通知当事人到场，并应记录见证人或者当事人的姓名、性别、年龄、职业、联系电话等。

4.5.2 火灾现场勘验人员到达火灾现场后，应观察火灾现场燃烧情况，向知情人了解有关火灾情况，注意收集围观群众的议论，重要情况及时向现场勘验负责人报告。

4.5.3 火灾现场勘验发现火灾场所、建筑有自动消防设施、监控设备等，勘验人员可以向有关单位和个人调取相关的火灾信息资料。

4.5.4 现场勘验人员进入现场勘验之前，应查明以下可能危害自身安全的险情，并及时予以排除：

a）建筑物可能倒塌、高空坠物的部位；

b）电气设备、金属物体是否带电；

c）有无可燃、有毒气体泄漏，是否存在放射性物质和传染性疾病、生化性危害等；

d）现场周围是否存在运行时可能引发建筑物倒塌的机器设备；

e）其他可能危及勘验人员人身安全的情况。

4.5.5 火灾现场勘验人员勘验现场时，应按规定佩带个人安全防护装备。

4.5.6 在道路上勘验车辆火灾现场，应按规定设置警戒线、警示标志或者隔离障碍设施，必要时通知公安交通管理部门实行交通管制。

4.5.7 执行现场勘验任务的人员，应佩带现场勘验证件。

4.5.8 火灾现场已被清理或者破坏，无法认定起火原因、统计直接经济损失的，也应制作现场勘验记录，载明现场被清理或者破坏的情况。

4.5.9 火灾现场勘验应遵守“先静观后动手、先照相后提取、先表面后内层、先重点后一般”的原则，按照环境勘验、初步勘验、细项勘验和专项勘验的步骤进行，也可以由火灾现场勘验负责人根据现场实际情况确定勘验步骤：

a）环境勘验；

在观察的基础上拟定勘验范围、确定勘验顺序，主要内容是：

1）现场周围有无引起可燃物起火的因素，如现场周围的烟囱、临时用火点、动火点、电气线路、燃气、燃油管线等；

2）现场周围道路、围墙、栏杆、建筑物通道、开口部位等有无放火或者其他可疑痕迹；

3）着火建筑物等的燃烧范围、破坏程度、烟熏痕迹、物体倒塌形式和方向；

4）现场周围有无监控录像设备；

5）环境勘验的其他内容。

b）初步勘验；

通过观察判断火势蔓延路线，确定起火部位和下一步的勘验重点，主要内容是：

1）现场不同方向、不同高度、不同位置的烧损程度；

2）垂直物体形成的受热面及立面上形成的各种燃烧图痕；

3）重要物体倒塌的类型、方向及特征；

4）各种火源、热源的位置和状态；

5）金属物体的变色、变形、熔化情况及非金属不燃烧物体的炸裂、脱落、变色、熔融等情况；

6）电气控制装置、线路位置及被烧状态；

7）有无放火条件和遗留的痕迹、物品；

8）初步勘验的其他内容。

c）细项勘验；

根据燃烧痕迹、物品确定起火点，主要内容是：

1）起火部位内重要物品的烧损程度；

2）物体塌落、倒塌的层次和方向；

3）低位燃烧图痕、燃烧终止线和燃烧产物；

4）物体内部的烟熏痕迹；

5）设施、设备、容器、管道及电气线路的故障点；

6）尸体的位置、姿态、烧损部位、特征和是否有非火烧形成的外伤。烧伤人员的烧伤部位和程度；

7）细项勘验的其他内容。

d）专项勘验；

查找引火源、引火物或起火物，收集证明起火原因的证据，主要内容是：

1）电气故障产生高温的痕迹；

2）机械设备故障产生高温的痕迹；

3）管道、容器泄漏物起火或爆炸的痕迹；

4）自燃物质的自燃特征及自燃条件；

5）起火物的残留物；

6）动用明火的物证；

7）需要进行技术鉴定的物品；

8）专项勘验的其他内容。

4.5.10 火灾现场勘验人员应对现场中的尸体进行表面观察，主要内容是尸体的位置、姿态、损伤、烧损特征、烧损程度、生活反应、衣着等。

4.5.11 翻动或者将尸体移出现场前应编号，通过照相或者录像等方式，将尸体原始状况及其周围的痕迹、物品进行固定。观察尸体周围有无凶器、可疑致伤物、引火物及其他可疑物品。

4.5.12 现场尸体表面观察结束后，公安机关消防机构应立即通知本级公安机关刑事科学技术部门进行尸体检验。公安机关刑事科学技术部门应出具尸体检验鉴定文书，确定死亡原因。

4.5.13 火灾现场勘验可以根据实际情况采用剖面法、逐层法、复原法、筛选法和水洗法等。

4.6 现场勘验记录

4.6.1 火灾现场勘验结束后，现场勘验人员应及时整理现场勘验资料，制作现场勘验记录。现场勘验记录应客观、准确、全面、翔实、规范描述火灾现场状况，各项内容应协调一致，相互印证，符合法定证据要求。现场勘验记录包括现场勘验笔录、现场图、现场照片和现场录像等。

4.6.2 现场勘验笔录应与实际勘验的顺序相符，用语应准确、规范。同一现场多次勘验的，应在初次勘验笔录基础上，逐次制作补充勘验笔录。现场勘验笔录主要包括以下内容：

a）发现火灾的时间、地点，发生火灾单位名称、地址、起火部位，勘验时的气象情况，现场勘验工作开始和结束时间，记录人等；

b）现场勘验负责人、勘验人员姓名、单位、职务；

c）现场勘验的过程和勘验方法；

d）现场的位置、建筑结构，主要存放物品、设备、主要烧毁物品、燃烧面积等情况；

e）整体燃烧程度，尸体、重要物品的位置、状态、数量和燃烧痕迹；

f）提取的痕迹物证名称、数量、特征、地点及提取方式；

g）其他与起火部位、起火点、引火源、引火物有关的痕迹物品；

h）现场勘验人员及见证人或者当事人签名。

4.6.3 火灾现场勘验人员应制作现场方位图、现场平面图，绘制现场平面图应标明现场方位照相、概貌照相的照相机位置，统一编号并和现场照片对应。根据现场需要，选择制作现场示意图、建筑物立面图、局部剖面图、物品复原图、电气复原图、火灾现场人员定位图、尸体位置图、生产工艺流程图和现场痕迹图、物证提取位置图等。

4.6.4 绘制现场图应符合以下基本要求：

a）重点突出、图面整洁、字迹工整、图例规范、比例适当、文字说明清楚、简明扼要；

b）注明火灾名称、过火范围、起火点、绘图比例、方位、图例、尺寸、绘制时间、制图人、审核人，其中

制图人、审核人应签名；

c）清晰、准确反映火灾现场方位、过火区域或范围、起火点、引火源、起火物位置、尸体位置和方向。

4.6.5 现场照相的步骤，宜按照现场勘验程序进行。勘验前先进行原始现场的照相固定，勘验过程中应对证明起火部位、起火点、起火原因物证重点照相。

4.6.6 现场照相分为现场方位照相、概貌照相、重点部位照相和细目照相。现场照片应与起火部位、起火点、起火原因具有相关性，并且真实、全面、连贯，主题突出，影像清晰，色彩鲜明。制作档案应采用冲印或者专业相纸打印的照片，照片底片或者原始数码照片应妥善保管。

现场照相还应遵循如下原则：

a）现场方位照相应反映整个火灾现场和其周围环境，表明现场所处位置和与周围建筑物等的关系；

b）现场概貌照相应拍照整个火灾现场或火灾现场主要区域，反映火势发展蔓延方向和整体燃烧破坏情况；

c）现场重点部位照相应拍照能够证明起火部位、起火点、火灾蔓延方向的痕迹、物品。重要痕迹、物品照相时应放置位置标识；

d）现场细目照相应拍照与引火源有关的痕迹、物品，反映痕迹、物品的大小、形状、特征等。照相时应使用标尺和标识，并与重点部位照相使用的标识相一致；

e）现场照片及其底片或者原始数码照片应统一编号，与现场勘验笔录记载的痕迹、物品一一对应。

4.7 现场痕迹物品提取和委托鉴定

4.7.1 火灾现场勘验过程中发现对火灾事实有证明作用的痕迹、物品以及排除某种起火原因的痕迹、物品，都应及时固定、提取。现场中可以识别死者身份的物品应提取。

4.7.2 现场提取火灾痕迹、物品，火灾现场勘验人员不应少于二人并应有见证人或者当事人在场。

4.7.3 提取痕迹、物品之前，应采用照相或录像的方法进行固定，量取其位置、尺寸，需要时绘制平面或立面图，详细描述其外部特征，归入现场勘验笔录。

4.7.4 提取后的痕迹、物品，应根据特点采取相应的封装方法，粘贴标签，标明火灾名称、提取时间、痕迹、物品名称、序号等，由封装人、证人或者当事人签名，证人当事人拒绝签名或者无法签名的，应在标签上注明。检材盛装袋或容器必须保持洁净，不应与检材发生化学反应。不同的检材应单独封装。

4.7.5 提取电气痕迹、物品应按照以下方法和要求进行：

a）采用非过热切割方法提取检材；

b）提取金属短路熔痕时应注意查找对应点，在距离熔痕10cm处截取。如果导体、金属构件等不足10cm时，应整体提取；

c）提取导体接触不良痕迹时，应重点检查电线、电缆接头处、铜铝接头、电器设备、仪表、接线盒和插头、插座等并按有关要求提取；

d）提取短路迸溅熔痕时采用筛选法和水洗法。提取时注意查看金属构件、导线表面上的熔珠；

e）提取金属熔融痕迹时应对其所在位置和有关情况进行说明；

f）提取绝缘放电痕迹时应将导体和绝缘层一并提取，绝缘已经炭化的尽量完整提取；

g）提取过负荷痕迹，应在靠近火灾现场边缘截取未被火烧的导线2m~5m。

4.7.6 提取易燃液体痕迹、物品应在起火点及其周围进行，提取的点数和数量应足够，同时在远离起火点部位提取适量比对检材，按照以下提取方法和要求进行：

a）提取地面检材采用砸取或截取方法。水泥、地砖、木地板、复合材料等地面可以砸取或将留有流淌和爆裂痕迹的部分进行切割。各种地板的接缝处应重点提取，泥土地面可直接铲取；提取地毯等地面装饰物，要将被烧形成的孔洞内边缘部分剪取；

b）门窗玻璃，金属物体，建筑物内、外墙，顶棚上附着的烟尘，可以用脱脂棉直接擦取或铲取；

c）燃烧残留物、木制品、尸体裸露的皮肤、毛发、衣物和放火犯罪嫌疑人的毛发、衣物等可以直接提取；

d）严重炭化的木材、建筑物面层被烧脱落后裸露部位附着的烟尘不予提取；

e）按照GB/T 20162 规定的数量提取检材。

4.7.7 现场提取痕迹、物品应填写《提取火灾痕迹、物品清单》，由提取人和见证人或者当事人签名；见证人、当事人拒绝签名或者无法签名的，应在清单上注明。

4.7.8 需要进行技术鉴定的火灾痕迹、物品，由公安机关消防机构委托依法设立的物证鉴定机构进行，并与物证鉴定机构约定鉴定期限和鉴定检材的保管期限。

4.7.9 公安机关消防机构认为鉴定存在补充鉴定和重新鉴定情形的，应委托补充鉴定或者重新鉴定。补充鉴定可以继续委托原鉴定机构，重新鉴定应另行委托鉴定机构。

4.7.10 现场提取的痕迹、物品应妥善保管，建立管理档案，存放于专门场所，由专人管理，严防损毁或者丢失。

4.8 现场询问

4.8.1 火灾现场勘验人员到达火灾现场，应立即开展调查询问工作，收集调查线索，确定调查方向和重点。现场询问应及时、合法、全面、细致、深入、准确。

4.8.2 火灾现场勘验人员进行现场询问时应出示证件，告知被询问人必须依法履行如实作证的义务和作伪证或者隐匿罪证应承担的法律责任。

4.8.3 现场正式询问时，询问人不应少于二人，并应首先了解证人的身份及与火灾有无利害关系。询问结束后，被询问人和询问人应分别在询问笔录上签名。

4.8.4 询问不满十六周岁的未成年人时，应有其父母或者其他监护人在场。其监护人确实无法通知或者通知后未到场的，应在询问笔录中注明。

4.8.5 现场询问根据火灾调查需要，有选择地询问火灾发现人、报警人、最先到场扑救人、消防人员、火灾发生前最后离开起火部位人、熟悉现场周围情况和生产工艺人、值班人、火灾肇事人、火灾受害人、围观群众中议论起火原因、火灾蔓延情况的人和其他知情人。

4.8.6 现场询问的主要内容是：

a）发现起火的时间、起火部位、起火特征、火灾蔓延过程；

b）异常气味、声音；

c）火灾发生时现场人员活动情况以及是否发现有可疑人员；

d）用火、用气、用电、供电情况；

e）机器、设备运行情况；

f）物品摆放情况；

g）火灾发生之前是否有雷电过程发生等。

4.8.7 进行询问的人员应查看现场，熟悉火灾现场情况。现场询问得到的重要情况，应和火灾现场进行对照，必要时可以带领证人、当事人到现场进行指认或进行现场实验。

4.9 现场实验

4.9.1 为了证实火灾在某些外部条件、一定时间内能否发生或证实与火灾发生有关的某一事实是否存在，可以进行现场实验。

4.9.2 现场实验由火灾现场勘验负责人根据调查需要决定。

4.9.3 现场实验应验证如下内容：

a) 某种引火源能否引燃某种可燃物；

b) 某种可燃物、易燃物在一定条件下燃烧所留下的某种痕迹；

c) 某种可燃物、易燃物的燃烧特征；

d) 某一位置能否看到或听到某种情形或声音；

e) 当事人在某一条件下能否完成某一行为；

f) 一定时间内，能否完成某一行为；

g) 其他与火灾有关的事实。

4.9.4 实验应尽量选择在与火灾发生时的环境、光线、温度、湿度、风向、风速等条件相似的场所。现场实验应尽量使用与被验证的引火源、起火物相同的物品。

4.9.5 实验现场应封闭并采取安全防护措施，禁止无关人员进入。实验结束后应及时清理实验现场。

4.9.6 现场实验应由二名以上现场勘验人员进行。现场实验应照相，需要时可以录像，并制作《现场实验报告》。实验人员应在《现场实验报告》上签名。

4.9.7《现场实验报告》应包括以下内容：

a) 实验的时间、地点、参加人员；

b) 实验的环境、气象条件；

c) 实验的目的；

d）实验的过程；

e）实验使用的物品、仪器、设备；

f） 实验得出的数据及结论；

g）实验结束时间，参加实验人员签名。

4.10 现场分析

4.10.1 现场分析可以根据调查需要按阶段、分步骤或者随机进行，由火灾现场勘验负责人根据调查需要决定并主持。

4.10.2 现场分析时火灾现场勘验人员交换现场勘验和调查询问情况，将收集的证据和线索逐一进行筛选，排除无关、虚假证据和线索，通过分析认定火灾的主要事实。

4.10.3 现场分析和认定的主要内容包括：

a）有无放火嫌疑；

b）火灾损失、火灾类别、火灾性质、火灾名称；

c）报警时间、起火时间、起火部位、起火点、起火原因；

d）下一步调查方向、需要排查的线索、调查的重点对象和重点问题；

e）是否复勘现场；

f） 提出是否聘请专家协助调查的意见；

g）现场处理意见；

h）火灾责任人；

i）其他需要分析、认定的问题。

4.10.4 现场分析应做好记录。

4.10.5 下列情形为放火案件线索：

a）尸体有可疑的非火灾致死特征；

b）现场有来源不明的引火源、引火物，或有迹象表明用于放火的器具、容器、登高工具等；

c）建筑物门窗、外墙有非施救或逃生人员所为的破坏、攀爬痕迹；

d）非放火不可能造成两个以上起火点的；

e）监控录像记录有可疑人员活动的；

f）同一地区有相似火灾重复发生的；

g）其他非人为不可能引起火灾的。

4.11 现场处理

4.11.1 现场勘验、调查询问结束后，由火灾现场勘验负责人决定是否继续保留现场和保留时间。具有下列情形之一的，应保留现场：

a）造成重大人员伤亡的火灾；

b）可能发生民事争议的火灾；

c）当事人对起火原因认定提出异议，公安机关消防机构认为有必要保留的；

d）具有其他需要保留现场情形的。

4.11.2 对需要保留的现场，可以整体保留或者局部保留，应通知有关单位或个人采取妥善措施进行保护。对不需要继续保留的现场，及时通知有关单位或个人。

参考文献

[1] 中华人民共和国消防法.

[2] 中华人民共和国气象法.

[3] 火灾事故调查规定（公安部令第108号）.

[4] 机关、团体、企业、事业单位消防安全管理规定（公安部令第61号）.

[5] 公安机关办理行政案件程序规定（公安部令第88号）.

[6] 公安机关办理刑事案件程序规定（公安部令第35号）.

[7] 公安机关刑事案件现场勘验检查规则（公通字 [2005] 54号）.

[8] 建筑物防雷设计规范（GB50057–94）.

[9] 建筑物电子信息系统防雷技术规范（GB50343–2002）.

[10] 自动气象站防雷技术规范（QX30–2004）.

[11] 新一代天气雷达站防雷技术规范（QX2–2000）.

[12] 气象台（站）防雷技术规范（QX/T4–2000）.

[13] 气象信息系统雷击电脉冲防护规范（QX3–2000）.

[14] 建筑防雷检测技术规范（DB50/212–2006）.

[15] 电子信息系统防雷检测技术规范（DB50/213–2006）.

[16] 雷击火灾调查与鉴定技术规范（DB50/T211–2006）.

[17] 雷击火灾风险评估技术规范（DB50/214–2006）.

[18] 公安部消防局编.公安消防监督员业务培训教材.长春：吉林科学技术出版社，1999.

[19] 张义军，陶善昌，马明等.雷电灾害.北京：气象出版社，2008.

[20] 李家启，李良福等.雷电灾害风险评估与控制.北京：气象出版社，2010.

[21] 李家启.雷电灾害调查分析与鉴定技术.北京：气象出版社，2012.